Manual del
Automóvil Eléctrico
Usos, recomendaciones y mantenimiento

Ing. Miguel D'Addario

Automóvil Eléctrico *Ing. Miguel D'Addario*

ISBN: 9781794587045

Primera Edición

Derechos reservados

Comunidad Europea

2019

Automóvil Eléctrico *Ing. Miguel D'Addario*

Índice

Introducción / 9
    Causales. Justificación. Estrategias. Diferenciación clara
    Fundamental que nos prueben. Medio-largo plazo
    Más calidad y variedad. Acciones de fidelización
    *Híbridos y eléctricos / **15***
    Ventajas y desventajas de los automóviles eléctricos
    Sus beneficios. Otra posibilidad: automóvil híbrido
    Opiniones en torno a los vehículos eléctricos
    *El entorno de los automóviles eléctricos / **20***
    Comparación de niveles contaminantes según el tipo de
    Vehículo. Emisiones contaminantes en Kg. por cada 100 Km.
    *Viabilidad actual. Autonomía y capacidad / **22***
    Estudios de viabilidad. Conclusiones. Infraestructuras
    Peso y prestaciones. Argumentos y estudios realizados
    En contrapartida. Contaminación. Mercados potenciales
    Transportes públicos. Máquinas de limpieza o de recogida
    *Vehículos eléctricos para áreas restringidas / **28***
    Vehículos eléctricos municipales. Flotas cautivas
    Automóviles para flotas de alquiler público
    Vehículos particulares. Tipos de vehículos
    *Medidas favorables a los vehículos eléctricos / **30***

Partes del Automóvil eléctrico / *31*
    El sistema de motorización
    El sistema de control
    El sistema de alimentación
    *El sistema de transmisión y traslación / **32***
    La carrocería y/o el bastidor
    Los sistemas auxiliares

Funcionamiento de un automóvil eléctrico / *34*
    Podemos establecer una segunda división en automóviles
    eléctricos. Descripción de los componentes principales
    *Motor eléctrico. Baterías / **36***
    Los parámetros utilizados para evaluar los diferentes tipos
    de acumuladores. Requerimientos como fuente de alimentación
    *de un vehículo eléctrico / **37***
    Pilas de combustible (Fuel Cell)
    Principio de funcionamiento de las pilas de combustible

Automóvil Eléctrico *Ing. Miguel D'Addario*

*Principio de funcionamiento. Unidad de control y etapa de potencia. Control en un motor de continua / **42***
Control en un motor de alterna. Sistema de frenado. Sistema de alimentación. Los tipos de cargadores son tres
*Sistema de transmisión. Carrocería y chasis / **46***
Variantes de los automóviles eléctricos. Se pueden presentar dos alternativas. La solución intermedia, los vehículos híbridos
*Características de los automóviles híbridos / **48***
Formas de combinar los motores eléctricos y de combustión
*En la configuración paralelo. Turbinas de gas / **53***

Prestaciones de los automóviles eléctricos / 54
Neumáticos

Seguridad en automóviles eléctricos / 57
Regulaciones y normativas existentes
Directivas de la CEE. Normas. Publicaciones de la IEC
*Seguridad en el sistema de tracción eléctrico / **60***
Protección contra sacudidas eléctricas. Niveles de voltaje en vehículos eléctricos. Voltajes de seguridad.
Protección contra el contacto directo. Protección frente a contacto indirecto. Cables. Propiedades de los cables.
*Configuraciones de los cables / **66***
*Legislación europea / **69***

Conceptos técnicos del vehículo eléctrico / 72
*Motor eléctrico / **74***
Diferencias entre los motores eléctricos y los motores térmicos
Tipos de motores eléctricos utilizados para vehículos eléctricos
Baterías. Tecnologías de las baterías. Ventajas.
Desventajas. Características. Características fundamentales de las baterías. Tabla de características de las baterías.
Tipos de vehículos eléctricos.
Infraestructura de recarga. Ventajas de los vehículos eléctricos.
*Desventajas de los vehículos eléctricos / **109***

Ayer y hoy del automóvil eléctrico / 111
*Fechas significativas en la historia del vehículo eléctrico / **121***

Fotografías de ayer y hoy del automóvil eléctrico / 127

Tecnología eléctrica de los primeros coches eléctricos / 128

Automóvil Eléctrico *Ing. Miguel D'Addario*

Automóviles eléctricos en la actualidad / 130
    Evolución de las baterías para vehículos eléctricos
    Minerales contaminantes y tóxicos. Tecnologías de vehículos eléctricos con miras a su impacto en el sistema eléctrico / **142**

El futuro del automóvil eléctrico / 148
    Introducción. El futuro de los vehículos eléctricos / **149**
    Comparación de costos para el usuario de los vehículos convencionales y los eléctricos puros en el futuro / **150**

Análisis concluyente / 151

Mantenimiento del automóvil eléctrico / 155
    Así es el mantenimiento de un motor eléctrico frente a uno térmico. Cuadro mantenimiento comparativo / **157**
    ¿Qué hay del mantenimiento de las baterías? / **158**
    Posibles averías de un motor eléctrico / **159**
    Mantenimiento en general. ¿Qué significa esto?
    Coche eléctrico. Neumáticos, líquido de frenos y filtro del aire en coches eléctricos. ¿Qué pasa con los híbridos? / **164**
    Funcionamiento. Mantenimiento. Diferencias con un coche de gasolina. Averías frecuentes. ¿Son más problemáticos los coches eléctricos que los tradicionales o tal vez tienen menos averías? El buen estado de la batería es primordial / **172**
    Claves del mantenimiento de un coche eléctrico
    El coste de mantenimiento de un coche eléctrico / **177**
    ¿Cuánto cuesta cargar un coche eléctrico? / **181**
    ¿Qué mantenimiento tiene un coche eléctrico?
    ¿Qué hay que cambiar en un Coche Eléctrico? / **182**
    Primera Revisión. Segunda Revisión. Tercera Revisión / **183**
    Tener en cuenta. Esta clasificación se efectúa según tres criterios. Protecciones y medidas de seguridad personal / **184**
    Requisitos para recibir la acreditación necesaria para intervenir en vehículos híbridos y eléctricos es necesario reunir tres condiciones. Mantenimiento preventivo. Mantenimiento básico de un automóvil eléctrico. Las baterías, el corazón de un coche eléctrico. Recomendaciones. La batería es la clave del coche eléctrico. Formas de carga de un coche eléctrico / **187**
    Bajas temperaturas influyen en la eficacia de las baterías / **194**

Epílogo / 197

Introducción

Cuando hablamos de coches eléctricos no hablamos de un producto consolidado ni frecuentado todavía en la actualidad. El producto está en fase de introducción, "a prueba". Se está introduciendo paulatinamente.

Un coche es un producto que todo el público en general utiliza y es capaz de acceder a él, conformando un mercado muy amplio.

Con este tipo de vehículos, el planteamiento base que se hacía al comprar un coche cambia por completo, ahora la inversión inicial es mucho más elevada y el consumo a largo plazo será más económico. Entra aquí la influencia de la renta.

Otro factor es el medioambiental. Con estos coches se reduce notablemente la emisión de dióxido de carbono, lo que supondría un alivio para el planeta si los coches eléctricos fuesen más demandados.

Causales

La población mundial llegará a 9.000 millones de habitantes para el 2040 (actualmente es de 7.370 millones aproximadamente). Los consumidores de clase media aumentarán en 3.000 millones en los próximos 20 años lo que a su vez estimulará el uso de recursos en forma exponencial. En el 2012, el panel sobre Sostenibilidad Mundial de la Organización de Naciones Unidas (ONU) afirma que al mundo se le está acabando el tiempo para asegurarse de cubrir sus necesidades globales en cuanto agua, alimento y energía, pero hay un aspecto de gran relevancia que se omite en esta discusión y está relacionado directamente con la necesidad global de energía y con la búsqueda permanente de la movilidad. El aumento desmedido de vehículos enfrenta a la humanidad a una utilización de grandes cantidades de energéticos primarios, generalmente de origen fósil, lo que genera dos problemas fundamentales: necesidad de muchos recursos energéticos y graves problemas de salud producidos por la contaminación ambiental resultante de las emisiones de los vehículos. Hoy se cuenta con 2000 millones de vehículos, según proyecciones de la Ford, y en 2040 serán 4000 millones. El 75% de la población vivirá en ciudades y por lo menos se tendrán 50 ciudades con más de 10 millones de habitantes. Cuando hacemos referencia al transporte se involucran aspectos tales como: recolección de residuos sólidos, desplazamiento de personas a través de sistemas particulares o de transporte masivo, sistemas de emergencia (bomberos, ambulancias, etc.) transporte de alimentos, materias primas, mercancías, entre otras. Una alta proporción de la población mundial es urbana, el ser humano está inmerso y permeado por el uso del transporte para realizar las actividades diarias. Las empresas que llevan a cabo la distribución de sus productos a las ubicaciones de los clientes y las autoridades de transporte público que deben suministrar el servicio de transporte a los usuarios dependen de una flota de vehículos y equipos asociados. Como una respuesta al problema del transporte que utiliza combustibles fósiles con bajas eficiencias energéticas y graves problemas medioambientales, existe la alternativa de los vehículos eléctricos. Estos tienen una mayor eficiencia, lo que permite producir ahorros en energéticos primarios y además no producen emisiones de CO_2 y otros gases contaminantes. Puede decirse que estas emisiones se trasladan a las centrales térmicas que producen electricidad, sin embargo, esto no es exactamente así, ya que las emisiones de las centrales de generación están concentradas en un sitio y pueden ser controladas y reguladas más fácilmente que las emisiones de los vehículos por separado. Los vehículos eléctricos se han venido desarrollando con mayor fuerza desde hace algún tiempo, pero realmente su historia data de muchos años atrás, sin embargo es hasta ahora que se han logrado desarrollar modelos capaces de cubrir las necesidad de sus consumidores, trabajando diariamente en su mejoramiento continuo y en la posibilidad de llegar a muchas más personas con costos razonables y beneficios no solo personales sino a nivel global, ayudando al medio ambiente en un porcentaje considerable.

Justificación

Existe un gran interés a nivel mundial por hacer nuevos desarrollos en el transporte público y privado. Esto se debe, como se dijo antes, a la gran cantidad de vehículos que circulan actualmente, por los costos involucrados y por el tema ambiental.

Desde el punto de vista socioeconómico y ambiental, los vehículos eléctricos han surgido como una buena alternativa en el campo comercial, y prueba de esto es el surgimiento de nuevas empresas cuyo fin es fabricar vehículos eléctricos para su producción en masa, incluso empresas que no han sido conocidas tradicionalmente por fabricar vehículos eléctricos han incursionado con mucho éxito en este mercado como Tesla, Google y Apple entre otras.

Esto muestra en un corto plazo una tendencia a masificar el uso de vehículos eléctricos tanto en los sectores públicos como privados, por esta razón resulta interesante realizar el estado del arte del desarrollo de la tecnología asociada a los vehículos eléctricos, y su impacto en el sistema eléctrico.

También es importante conocer los diferentes tipos de vehículos eléctricos, la forma cómo funcionan, el tipo de motor eléctrico que utilizan, si utilizan o no baterías eléctricas y si estas baterías son recargables o intercambiables. Existe una gran variedad de investigaciones en este campo. Desde universidades hasta centros de investigación particulares interesados en la construcción de estos vehículos, han optado por estudiar a fondo los pros y los contras de su desarrollo.

Estrategias

Un buen producto

Los coches eléctricos suponen una solución en cuanto a que los combustibles fósiles no son renovables y se agotarán, siendo éstos eléctricos no necesitaremos combustibles y supondrán un ahorro a largo plazo, a pesar de la mayor inversión inicial.

Los beneficios son muchos, entre ellos el ahorro a largo plazo y el bienestar medioambiental, previamente mencionados.

Diferenciación clara

En un mercado tan saturado como el automovilístico, una alternativa al combustible supone una gran diferenciación y posiciona a estos coches en un entorno diferente.

Fundamental que nos prueben

Todavía no se sabe si quienes lo prueben repetirán o usarán este tipo de vehículos a partir de ese momento, pero si sabemos que es un producto atractivo y válido.

No sería posible dar muestras gratuitas ya que hablamos de un producto de coste elevado, pero sí que se podrían realizar eventos o campañas donde se muestren sus beneficios.

Medio-largo plazo

En caso de que el producto salga adelante y se adentre en una fase de crecimiento, algunas estrategias posibles son:

Más calidad y variedad

Mejoras en el motor y en otros aspectos básicos del coche, lanzamiento de nuevos modelos, diversificación de la línea de productos.

Acciones de fidelización

Con la consolidación de estos vehículos y la consiguiente fidelización de los clientes, se podrían ofrecer descuentos y ofertas relativas al consumo eléctrico particular, por ejemplo, con acuerdos con compañías eléctricas, bonos de diferente tipo, etcétera. Entonces, creemos en el futuro de los coches eléctricos con una buena diferenciación del producto y con una buena campaña de marketing. Sabemos que es un producto que crece y se adentra poco a poco, adquiriendo a su vez características que lo hacen un producto diferente al resto de vehículos y con una perspectiva alternativa y visionaria de cara al futuro. En países como Holanda, Bélgica o Alemania ya se dispone incluso de cargadores para estos vehículos en algunas calles de la ciudad: estacionas, cargas el coche y continúas tu trayecto. Los coches eléctricos lo tienen todo para instalarse en una sociedad como la actual.

Híbridos y eléctricos

Alternativa de futuro en transporte urbano.

Las comparaciones con el Automóvil de Combustión

-Razones económicas

-Prestaciones

-Infraestructura

Desarrollo e investigación en las grandes compañías como alternativa a los problemas de los Automóviles actuales.
-Beneficios en el tráfico en grandes ciudades
-Disminución considerable del consumo energético
-Disminución de la contaminación medioambiental en las grandes ciudades.

No se ha introducido en el mercado todavía
-Gran competidor (vehículo de combustión interna)
-Poca oferta en el mercado,
-No hay muchas expectativas de venta.

Ventajas y desventajas de los automóviles eléctricos
Problemas derivados de los automóviles actuales: contaminación del medio ambiente, sobre todo en las grandes ciudades.
Obligación de la eliminación o reducción de los gases procedentes de la combustión
La electricidad es una energía cuya obtención puede ser también contaminante, así tenemos el caso de las centrales nucleares o las centrales térmicas que son las principales productoras de electricidad.
Agotamiento de los recursos energéticos (petróleo). Este agotamiento produce un encarecimiento del producto que

repercute en las economías de los países y que les hace buscar otras alternativas en otros recursos energéticos.

El gran inconveniente del automóvil eléctrico; las baterías. Poseen una muy mala relación peso-prestaciones-costo que dista mucho de ser la óptima.

Sus beneficios

-Beneficios indirectos que se tienen con este tipo de vehículos.

-Política de apoyo por parte de los entes gubernamentales que de alguna manera penalicen a aquellos sistemas contaminantes y favorezcan a aquellos que tienen un grado de emisividad de agentes contaminantes bajo o nulo.

Otra posibilidad: automóvil híbrido

Mediante la incorporación de dos tipos de propulsores (uno eléctrico y otro convencional de gasolina, diésel o gas) en el mismo vehículo, se pueden conjugar las ventajas de ambos.

Prestaciones del motor térmico para carretera o grandes distancias y prestaciones del motor eléctrico para el caso urbano.

Sistema de autorecarga de la batería gracias al alternador que se incluye en el coche, de esta manera en los periodos de utilización del motor térmico se aprovecha se recarga la batería.

Otra alternativa a los sistemas de alimentación de los automóviles eléctricos por medio de baterías de pares electroquímicos es la de la energía solar.

Limitadas porque las células fotovoltaicas tienen un rendimiento todavía muy bajo, incapaz de captar energía suficiente para poder comunicar movimiento a un automóvil convencional.

Opiniones en torno a los vehículos eléctricos

Según Louis Schweitzer, presidente y director general de Renault, "Habrá en el futuro verdaderos coches de ciudad, y estos vehículos eléctricos van a ser indispensables en el tráfico urbano". El Parlamento Europeo intenta fomentar el uso de estos coches para que alcancen un 7 por ciento del mercado en el año 2002. Con el fin de llegar a tal propósito se creó un plan decenal de incentivación con subvenciones estatales, reducciones de impuestos, apertura del carril-bus, etc.; al mismo tiempo, pretende endurecer los impuestos, para los vehículos contaminantes. Según la delegada francesa del Parlamento Europeo, Marie-Jose Denys, "El coche eléctrico no debería reemplazar al vehículo convencional, sino complementar la oferta. El gasto de energía por kilómetro se reduciría a la mitad, y no habrá más gases de escape en la ciudad". Según estudios realizados en la comunidad europea, la mayoría de los trayectos se realiza actualmente con una media de 1.5 personas, a una velocidad dentro del casco urbano que no alcanza los 25 Km/h. y en un radio de acción bastante limitado, según esto los vehículos eléctricos parecen idóneos. Su desarrollo está apoyado por las cada vez mayores exigencias de algunas ciudades de la Europa Comunitaria, que empiezan a cerrar sus cascos urbanos al tráfico contaminante. Entre ellas están: Ámsterdam, Múnich, Friburgo, Eindhoven, Brujas, Bruselas, Tours y La Rochelle o Zermatt, en Suiza, que no permite la entrada a ningún vehículo contaminante.

Las características de los vehículos urbanos suelen ser, carrocería ligera, de aluminio, fibra de vidrio o fibra de carbono, de buenas prestaciones en velocidades bajas, que alcanzan sin esfuerzo los 60 o 70 km/h., cuentan con un radio de acción de unos 100 kilómetros y, gracias a su reducido tamaño, son fáciles de estacionar en cualquier aparcamiento. Son los suizos quienes demuestran la viabilidad de los vehículos eléctricos en uso cotidiano, teniendo ya 2.000 unidades matriculadas. Son ellos también los más avanzados en la idea de autoproducir la energía eléctrica.

Sin embargo, los ecologistas dicen que, si enchufamos, grandes cantidades de vehículos eléctricos a la red convencional, solo trasladaremos la contaminación atmosférica de lugar.

El entorno de los automóviles eléctricos
Efecto medioambiental
-Baja o nula contaminación directa o en su utilización.
-Se ha de comparar el ciclo completo de emisiones.

Comparación de niveles contaminantes según el tipo de vehículo

	Gasolina	Diesel	Eléctrico
Polvo	15	135	26
SO_2	100	220	630
NOx	880	840	276
HC	310	300	16
CO	2150	2140	27
CO_2	234	214	126

Ciclo de conducción estándar, ciclo urbano para conducción europea realizado en Bélgica denominado ECE-15.

Motorización diésel: 6,5 l a los 100 Km.

Motorización gasolina: 8,5 l a los 100 Km.

Motorización eléctrica: 28 Kwh a los 100 Km.

Se consideró el ciclo completo de emisión, que incluye el consumo directo de la energía primaria, la producción de la electricidad, el transporte del combustible y su distribución.

Emisiones contaminantes en Kg. por cada 100 Km.

	Gasolina	Diesel	Eléctrico
Polvo	-	0.019	0.0043
SO_2	0.005	0.027	0.04
NOx + HC	0.098	0.098	0.026
CO	0.27	0.27	0.0025
CO_2	0.0258	0.0198	0.0010

Otra fuente de contaminación ambiental es la contaminación acústica, hasta 70 dB.

Viabilidad actual

Autonomía y capacidad

-Falta de un sistema de almacenamiento de energía óptimo.

-Limitación en cuanto a capacidad y poseen un gran volumen y peso.

Tiempos de recarga de sistemas de almacenamiento largos.

-El consumo se realiza en menos de una hora.

Estudios de viabilidad

- Número de kilómetros diarios.
- Número de desplazamientos por día y por persona.
- Velocidad media durante el desplazamiento.
- Número de pasajeros por trayecto.
- Equipaje transportado por trayecto.

Conclusiones

-Número de kilómetros realizados diariamente que está directamente relacionado con el número de desplazamientos diarios y por persona, está en torno a los 40 Km.

-La velocidad media está en torno a los 50 Km/h,

-El número de pasajeros por trayecto está cerca de 2.

-Ocupación del maletero no llega al 30% de su capacidad total.

-El 90% de los trayectos realizados en un año se podrían realizar con automóviles de pequeñas dimensiones y con una autonomía inferior a los 80 Km.

-Ahorro energético.

-El 10% restante de los trayectos correspondería a trayectos de las periferias de las ciudades, salidas los fines de semana o vacaciones y viajes de larga distancia.

Infraestructuras

-Infraestructuras necesarias para su mantenimiento.

-Varias horas para producir la recarga completa de baterías.

-Acondicionamiento de lugares de recarga de baterías.

-Reacondicionamiento de los garajes de las viviendas.

-Talleres especializados.

-Nuevas plantas de producción de energía auxiliares.

-Reajuste de la distribución de electricidad.

-El consumo de energía eléctrica en las horas valle.

Peso y prestaciones

-La relación peso del combustible (baterías) / peso total.

-Las prestaciones.

-En un automóvil de combustión el combustible representa el 5% del peso del vehículo frente al 40% aproximadamente que supone el peso de las baterías en uno eléctrico.

-No se plantea hoy en día la fabricación de autobuses o camiones de propulsión eléctrica, donde la carga útil es el factor determinante.

-Para los ciclos de conducción urbanos no se precisan de grandes prestaciones como podrían ser las grandes aceleraciones y velocidades punta.

-En los motores actuales, el poder energético producido por los combustibles orgánicos es mucho mayor que el desarrollado por la energía eléctrica, para relaciones similares de tamaño y peso.

-La relación entre el peso de la fuente de alimentación con respecto al peso del vehículo es muy desfavorable para los vehículos eléctricos lo que le hace de momento muy poco apropiado para el transporte de mercancías o personas.

-Prestaciones son muy bajas comparadas con el automóvil térmico.

-Autonomía muy baja comparada con los automóviles térmicos.

- Sin infraestructuras necesarias para su mantenimiento.

-Grado de contaminación es muy bajo, aunque no nulo.

El concepto de automóvil eléctrico está restringido a la aplicación de automóvil puramente urbano, de dimensiones reducidas, de fácil manejo, con unos consumos bajos y una autonomía suficiente para el uso cotidiano para dos personas en la ciudad.

Argumentos y estudios realizados

El petróleo ofrece dos ventajas para la tracción de un vehículo:

-Una elevada densidad energética.

-Almacenamiento en estado líquido y a la presión atmosférica.

Ambas cualidades se traducen en altos resultados en formas de potencia, autonomía y flexibilidad de utilización.

En contrapartida

-El motor térmico presenta un rendimiento energético mediocre (< 20% en ciudad),

-Una contaminación excesiva y es muy ruidoso.

-El petróleo tiene también el inconveniente de ser una materia prima cuyas reservas explotables quedarán limitadas en algunas décadas al Golfo Pérsico, en países inestables políticamente.

Contaminación

-Grandes centros urbanos se ven paralizados por la circulación.

-Zonas de alto riesgo de contaminación, atmosférica y sonora.

-Transporte responsable de más del 40% de las emisiones de CO_2.

En Europa, el 60% del consumo de petróleo (es decir, 43 millones de toneladas) corresponde a la circulación por carretera.

-Rendimiento energético motor eléctrico (85%) superior al térmico (20%).

-Disminución de la dependencia energética.

-Mejor amortización de las instalaciones energéticas (recarga de las baterías en horas valle).

-Economías en los campos de la salud.

-Medioambiente (mantenimiento de edificios, lluvias ácidas).

Mercados potenciales

-Vehículos que circulan por medios urbanos o a quienes sientan inquietudes ecológicas y/o políticas con autonomías actuales inferiores a los 150 km.

-La electrificación de los vehículos puede considerarse en cuatro sectores:

- Transportes públicos,
- Máquinas de limpieza,
- Flotas cautivas de empresa y
- Vehículos particulares.

Transportes públicos

- Autonomía: de 150 a 200 Km al día, utilizando baterías de alta energía, recargas intermedias o recambio de baterías.
-Velocidad: hasta 50 Km/h.
-Capacidad: de 15 a 20 pasajeros.
-Mantenimiento sencillo, suficientemente robusto para soportar el servicio público.
-Pendiente: del 20 %.

Máquinas de limpieza o de recogida

-Servicio nocturno para no aumentar las congestiones diurnas.
-Aconseja el sistema bimodal con baterías.
-Máquinas menores como barredoras, regaderas.
-En general todos los vehículos municipales.

Vehículos eléctricos para áreas restringidas

-Centros de las ciudades, restricción al uso de tráfico con motores contaminantes.

-Servicios, transporte urbano comunitario, repartos, transporte de personas discapacitadas, etc.

Vehículos eléctricos municipales. Flotas cautivas

-Flotas de vehículos que utiliza para propósitos propios,

-Autonomía: la media en un día laboral está entorno a los 50 Km.

-Velocidad: en tareas urbanas va desde 60 Km/h a 80 Km/h.

-Manejo y mantenimiento sencillos, con suficiente robustez para soportar un tratamiento brusco.

-Vehículos de pequeña o media capacidad, de 0.5 a 2 toneladas de carga, el volumen de carga de unos pocos metros cúbicos.

-Pendiente del 20% o más.

Automóviles para flotas de alquiler público

-Autonomía: de 60 a 100 Km, teniendo en cuenta que se puede realizar operaciones de recarga entre cada viaje.

-Velocidad: desde 40-60 Km/h hasta 80 Km/h cuando el vehículo se utiliza en actividades urbanas.

-Manejo y mantenimiento sencillos, suficientemente robustos para soportar el uso inadecuado.

-Tipo: pequeño utilitario de dos a cuatro personas de capacidad con maletero suficiente para una compra cotidiana.

-Pendiente: hasta un 20 %.

Vehículos particulares

El mercado difícil de conquistar, debido principalmente a su precio y sus bajas prestaciones.

El vehículo eléctrico es difícil de vender, puesto que el coche particular para muchas personas es la medida de su éxito personal o profesional, y en este caso de la potencia y prestaciones del vehículo.

Tipos de vehículos

-Totalmente eléctricos.

· Alimentado por batería.

· Alimentado por placa solar.

· Alimentado por pilas de combustible.

- Híbridos.

· Serie.

· Paralelo.

- Bimodo.

Medidas favorables a los vehículos eléctricos

Estas medidas pueden ser de orden restrictivo o estimulador. En ambos casos, son de origen político a nivel local o a nivel nacional.

1 - Medidas restrictivas. Cada vez son más numerosos los centros de ciudad en los que la circulación de automóviles térmicos está prohibida o regulada (Singapur, Estocolmo, Copenhague, Múnich, Zúrich).

2 - Medidas estimuladoras. Los gobiernos han ofrecido a las empresas la posibilidad de una amortización excepcional de un vehículo eléctrico, del 100% el primer año. Supresión del IVA en los vehículos eléctricos, exención del impuesto de circulación, y la deducción fiscal para los particulares en el sobreprecio del vehículo eléctrico en relación con el térmico.

Automóvil Eléctrico *Ing. Miguel D'Addario*

Partes del Automóvil eléctrico

- Sistema de motorización.
- Sistema de control.
- Sistema de alimentación.
- Sistema de transmisión-traslación.
- Carrocería y chasis.
- Sistema de elementos auxiliares.

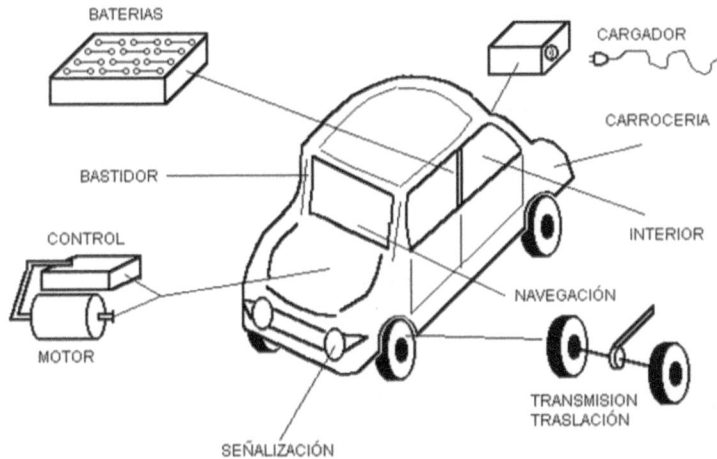

Disposición de los diferentes sistemas en un automóvil eléctrico

El sistema de motorización

-El motor o los motores que accionan el vehículo.

-Un motor térmico, (caso de automóviles híbridos).

-Elección del tipo de motor eléctrico va a ser función de las prestaciones del vehículo y del control seleccionado.

El sistema de control
-Ligado a la elección del motor que se haya realizado,
-Suministrar la energía necesaria al motor y regular su funcionamiento, en velocidad, potencia y par requeridos según las circunstancias.

El sistema de alimentación
-Baterías de tracción y cargador.
-Influye en la autonomía y la potencia capaz de desarrollar.
-Influye en las prestaciones de este y del peso y volumen de estas.
-El cargador, (puede ser incorporado al vehículo o no).

El sistema de transmisión y traslación
-Puede ser como el de un automóvil convencional,
-Dependiendo del control, es posible eliminar componentes.
-Con control electrónico, innecesaria la caja de cambios mecánica.
-Según el número de motores, es posible eliminar el diferencial.

-La marcha atrás es posible también eliminarla.

-Los componentes son: dirección; transmisión; caja de cambios y diferencial; ejes propulsores y arrastrados; suspensión; frenos mecánicos; ruedas.

La carrocería y/o el bastidor

-Puede ser de una sola pieza (carrocería autoportante),

-Bastidor tubular con cerramiento de materiales ligeros.

Los sistemas auxiliares

-Iluminación y señalización; circuitos de seguridad; interior y acabado; sistemas de refrigeración y calefacción; sistemas de navegación; baterías auxiliares.

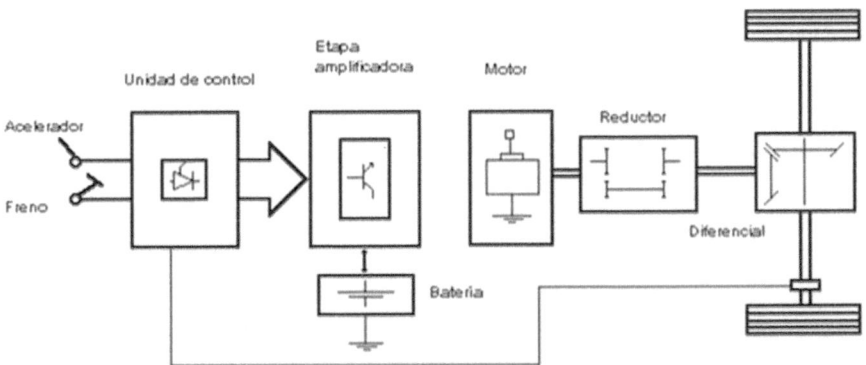

Esquema simplificado de un automóvil eléctrico

Funcionamiento de un automóvil eléctrico

La unidad de control tiene como señales de entrada; el acelerador, el freno, y la realimentación de la velocidad.
-La unidad de control es la que gobierna a la etapa de potencia o amplificación y a través de la batería alimenta al motor.
-El motor, ya sea de alterna o de continua, mueve el eje de la transmisión que, a través del grupo reductor-diferencial, hace llegar el movimiento a las ruedas.
-Si no existe grupo reductor-diferencial, las ordenes que envía la unidad de control dosifican la energía para cada uno de los motores, haciendo la función de diferencial.

Podemos establecer una segunda división en automóviles eléctricos
Automóviles dotados de un sólo motor que necesitan de una transmisión mecánica (reductor diferencial).

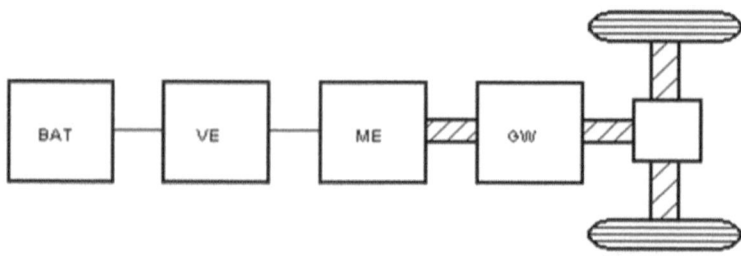

Automóvil Eléctrico *Ing. Miguel D'Addario*

Automóviles con motores integrados en las ruedas y la transmisión se realiza por control electrónico.

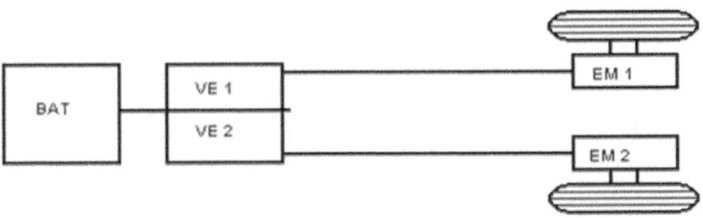

Descripción de los componentes principales
Motor eléctrico
-Motor de corriente continua

    Motores de imanes permanentes.

    Motor serie.

    Motor de excitación independiente.

-Motor de corriente alterna

    Motor asíncrono.

    Motor síncrono.

    Motor de reluctancia variable.

-Motor de corriente continua

    Grandes pares de arranque.

    Alto margen de regulación de su velocidad.

    Alimentación, y regulación de su velocidad sencillos y económicos.

-Motor de corriente alterna

> Se utilizan gracias al avance en la electrónica de potencia.
>
> Un menor tamaño para la misma potencia, así como menor peso.
>
> El mantenimiento es prácticamente nulo.
>
> Poseen un rendimiento mucho mayor.
>
> Su uso se da a partir de potencias tales que la economía en el motor y en el mantenimiento compense la unidad de control.

Baterías

Baterías electroquímicas

-Forma básica de almacenamiento de energía en los automóviles eléctricos.

-El principio básico de funcionamiento se basa en la producción de energía eléctrica por medio de reacciones químicas de oxidación-reducción que se dan en su interior.

-Tipos de baterías en función del tipo de par electroquímico utilizado,

-Constan de una serie de acumuladores convencionales en serie.

-Los acumuladores convencionales están compuestos por dos electrodos inmersos en un baño electrolítico.

-Las que actualmente están implantadas en el mercado son las ácido sulfúrico-plomo.

-Las más utilizadas por su producción masiva que hace que se abaraten los costes en gran medida.

Los parámetros utilizados para evaluar los diferentes tipos de acumuladores son:
-Densidad de energía (Wh/Kg).
-Densidad de potencia (W/Kg).
-Vida (duración en ciclos).
-Duración de la carga (horas).
-Rendimiento energético (%).
-Peso/precio/volumen/rendimiento (kg/ptas./cm^3/ %).

Otro parámetro es las condiciones de uso de las baterías:
-Para asegurar una vida media del 90% es aconsejable que la descarga en cada ciclo no supere el 80%, de otra manera la vida de la batería se puede reducir hasta un 40%.

Requerimientos como fuente de alimentación de un vehículo eléctrico
-Alta densidad de energía (para mantener una buena autonomía).

-Alta potencia (buena aceleración y respuesta en terreno accidentado).

-Vida larga (bajos costes de mantenimiento del vehículo),

-Simplicidad y pequeño tamaño.

-Materiales baratos y bajos costes de producción.

-Bajas pérdidas, recarga rápida.

-Buenas características de funcionamiento a baja y alta temperatura.

-Pequeño sobrecalentamiento.

-Alto nivel de seguridad en su manejo.

-Resistencia a golpes.

-Simplicidad en su reemplazamiento.

Baterías de uso masivo Pb/ácido
     a) Plomo tubular abierto.
     b) Plomo en placas planas (gel electrolítico).

Baterías de uso restringido
     a) Ni/Cd.
     b) Ni/Fe.
     c) Ni/MH.
     d) Ni/Zn.
     e) Ag/Zn.

Automóvil Eléctrico *Ing. Miguel D'Addario*

Baterías en desarrollo (Máquinas batería)
    a) Al/ aire.
    b) Fe/ aire.
    c) Zn/Br.
    d) Na/S.
    e) Li/ FeS$_2$.

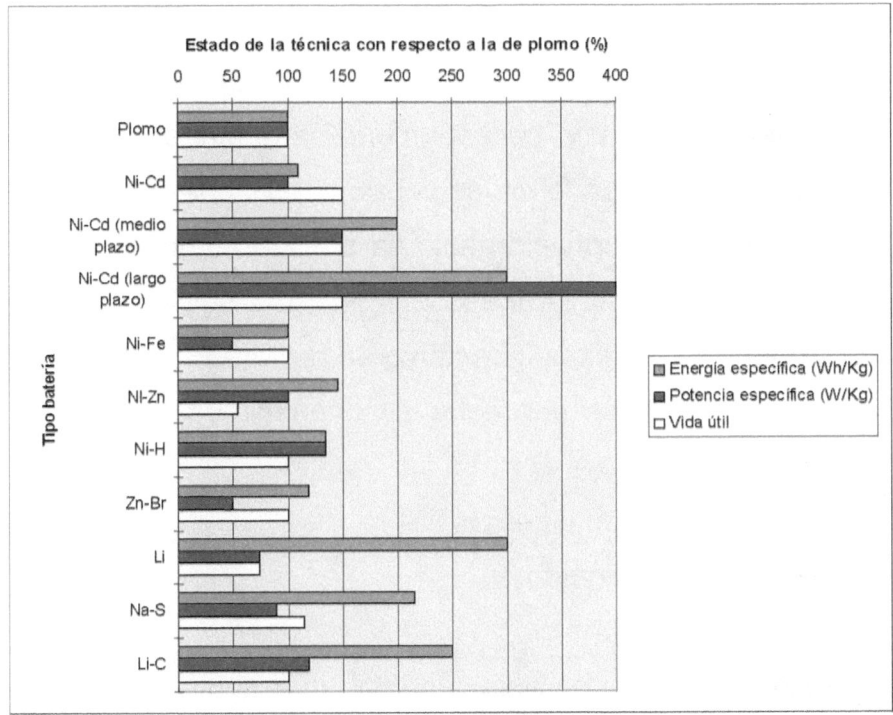

Pilas de combustible (Fuel Cell)
-Muy prometedor a medio plazo.
-Puede facilitar un radio de acción ilimitado.

-Potencia suficiente para mover hasta un pesado autobús a velocidades de crucero.

-Alto grado de eficacia que puede alcanzar hasta un 80%.

-Promete una larga vida (duraciones de 50.000 horas de trabajo).

-Encontrar un compromiso entre el coste y la duración.

-Los costes bajarían cuando haya una demanda adecuada.

Principio de funcionamiento de las pilas de combustible

-Convierte directa y continuamente energía química en energía eléctrica en forma de corriente continua,

-Para esta transformación sólo se precisan dos elementos básicos: oxígeno e hidrógeno.

El oxígeno se consigue directamente del aire.

-El hidrógeno tiene que estar almacenado en una de las siguientes formas:

Comprimido en forma de gas,

Como hidrógeno líquido,

En forma de hidruros,

-Utilizando un combustible orgánico que contenga un alto grado de hidrógeno, como el metano, que se consigue de gas natural, carbón o biomasa.

Baterías "Flywheel"

-En lugar de almacenar energía en forma electroquímica, almacenan energía cinética.

-Formados por discos de fibra de carbono girando a elevada velocidad.

-Unos imanes montados sobre discos permiten generar corriente alterna con la que alimentan un motor eléctrico.

-Presentan una tecnología muy prometedora,

-El coste de los elementos es muy elevado.

-Permite recuperar energía mientras se frena.

Principio de funcionamiento

-Un turboalternador girando a una velocidad se encarga de suministrar corriente a un motor eléctrico y a los "Flywheel", que luego devuelven la energía a medida que el conductor demanda más prestación.

Unidad de control y etapa de potencia

tiene por misión analizar las señales que le llegan de los diferentes sensores y mandos del automóvil, y decide en función de estas, las ordenes que debe suministrar al motor para obtener la respuesta requerida.

-La misión primordial es la regulación de la velocidad, así como la administración de los recursos disponibles.

-Bastante compleja y suele estar formada por una serie de tiristores.

-En la etapa de potencia se realiza la conversión de estas pequeñas señales en señales definitivas a través de transistores de potencia que están a su vez alimentados por la batería.

-La complejidad de la unidad de control va a depender de las funciones que se le atribuyan y del tipo de motorización utilizado.

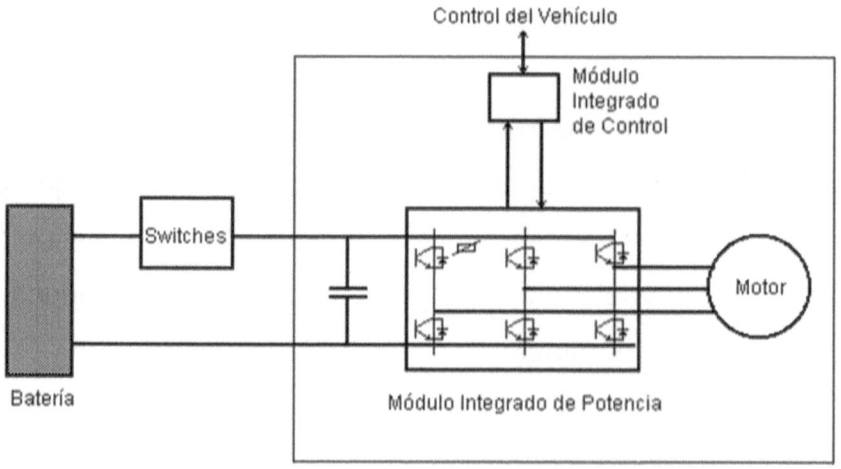

Esquema simplificado del control de potencia

Control en un motor de continua

-Se utilizan circuitos denominados troceadores,

-De los cuales uno de los más sencillos es el troceador Morgan de conmutación forzada.

-Permite la variación de la velocidad pues disminuye la tensión de excitación que es proporcional a la velocidad de giro.

-Otro procedimiento que se puede utilizar para controlar la velocidad es mediante la variación de la tensión mediante el acoplamiento de resistencias variables conectadas en serie.

Control en un motor de alterna.

La regulación de la velocidad en este caso se realiza por medio de la variación de la frecuencia, puesto que según la expresión:

$$n = \frac{60 \cdot f \cdot (1-s)}{p}$$

n = Velocidad r.p.m.

f = Frecuencia Hz.

p = nº de pares de polos

s = Deslizamiento

-Se puede observar que la velocidad de giro es proporcional a la frecuencia.

-La variación se consigue realizar mediante inversores que actúan:

-Sobre la amplitud del pulso (PAM) o

-Sobre la anchura del pulso (PWM).

Sistema de frenado

-La energía cinética sobrante que se produce durante el movimiento, en vez de perderse en forma de energía disipada en los frenos del vehículo, puede ser recuperada si se incluye en el conjunto un sistema de frenado regenerativo.

-Este tipo de frenado se basa en la reversibilidad de cualquier máquina eléctrica, pudiéndose utilizar como generador para recargar la batería.

-Supone el aumento de la autonomía y de la vida de la batería.

-Se puede llegar hasta ahorros del 40% dependiendo del trayecto o tipo de conducción.

-No se puede eliminar el frenado mecánico.

Sistema de alimentación

-Se realiza a través de los cargadores.

-Toman la energía de la red disponible y la transmiten a la batería.

-Es necesario rectificar esta corriente alterna a corriente continua.

-Suministrarla en forma de ciclos definidos en función del tipo de batería.

Los tipos de cargadores son tres

-El cargador de abordo, que está dispuesto dentro del vehículo y sólo es necesario el cable y una toma de corriente doméstica.

-El cargador externo, que está dispuesto fuera del vehículo, por lo que es necesario disponer de las adecuadas instalaciones que dispongan de este servicio.

-El cargador de inducción, en donde parte del cargador está dentro del vehículo y otra parte está fuera.

Automóvil recargando baterías en estación de recarga

Sistema de transmisión

La subdivisión que podemos hacer aquí es:

    -Transmisión eléctrica.

    -Mecánica.

-Si la transmisión es eléctrica, la unidad de control debe proporcionar o bien una señal totalmente regulada al motor impulsor o dos señales independientes a cada uno de los motores que transmiten la potencia a cada rueda por separado.

-Este sistema supone un ahorro de muchos elementos mecánicos y por lo tanto de peso.

Carrocería y chasis

Por la baja potencia que se puede obtener en este tipo de vehículos es importante la reducción de las resistencias al avance.

-Las perdidas debidas al rozamiento con el aire conocido como resistencia aerodinámica se pueden disminuir realizando diseños muy aerodinámicos que posean un coeficiente de penetración aerodinámico (Cx) muy bajo.

-La resistencia a la rodadura es directamente proporcional al peso del vehículo.

-La reducción del peso del automóvil se traducirá en una mejora de sus prestaciones.

-Se están realizando estructuras de chasis y carrocerías en nuevos materiales como los materiales compuestos de fibras de carbono o vidrio.

Variantes de los automóviles eléctricos

La definición de automóvil eléctrico está aplicada a automóviles de características similares a los automóviles convencionales térmicos en cuanto a dimensiones y prestaciones, pero la tracción del vehículo se realiza a través de motores eléctricos.

Se pueden presentar dos alternativas
-Los automóviles híbridos.
-Los vehículos solares.

La solución intermedia, los vehículos híbridos

Proviene de la inexistencia todavía de sistemas de almacenamiento de energía adecuados, que posean una alta capacidad, elevada potencia específica y que sean a su vez ligeros y poco voluminosos.

El automóvil híbrido es un automóvil eléctrico que incorpora un motor de combustión (gasolina, diésel, turbina de gas, etc.), que permite un juego mayor de la energía disponible.

Con el motor de combustión se puede:
Aumentar la autonomía del vehículo.
Recargar las baterías que alimentan al motor eléctrico.

Proporcionar la energía suplementaria cuando sea necesario.

Características de los automóviles híbridos

El consumo es menor que el de un automóvil convencional, pues se trata de un motor de menores dimensiones al que se le hace trabajar en su punto de rendimiento óptimo.

Durante la utilización del vehículo en tráfico urbano, que es cuando interesa evitar la emisión de gases, y ruidos, se utiliza la tracción eléctrica.

Cuando se circula por ciudad, alrededor del 25 % del tiempo del vehículo en circulación se pasa a ralentí, por lo que el consumo disminuye notablemente

Cuando el vehículo sale a las afueras de la ciudad, en donde las velocidades y los kilómetros recorridos son mayores, entra en funcionamiento el motor de combustión, para recargar las baterías o bien para proporcionar una cantidad de energía extra.

Las ventajas de los vehículos híbridos provienen de la presencia del motor de combustión en su motorización.

El sistema de calefacción del vehículo no sería necesario en un híbrido, pues se aprovecha el calor producido por el motor de combustión.

Se aprovecha también del motor de combustión, el servofreno de vacío.

No es necesario motor de arranque, lo proporciona el propio motor eléctrico.

No se precisa de embrague para el cambio de marcha en aquellos con control electrónico total.

La marcha atrás vendrá dada con un cambio de sentido de giro del motor, por lo que tampoco será necesaria esta marcha mecánica.

Formas de combinar los motores eléctricos y de combustión

-La combinación en serie.

-La combinación en paralelo.

En la configuración serie, el motor de combustión mueve un generador que recarga la batería de tracción que es la que alimenta al motor eléctrico que es el encargado de la tracción del vehículo.

-Los tres componentes; motor de combustión, generador-batería y motor eléctrico, están en serie, con lo que se consigue una transformación de energía mecánica (la del motor de combustión) en energía eléctrica en el generador-batería, la cual posteriormente va a ser de nuevo convertida en energía mecánica debido al motor eléctrico.

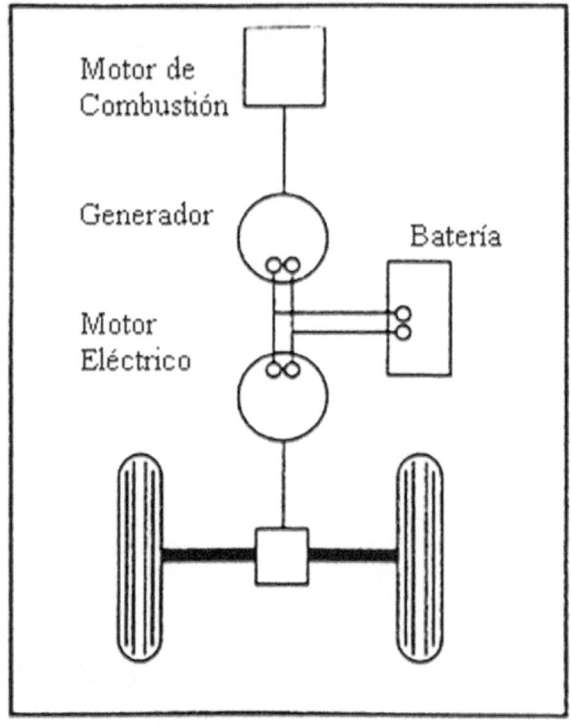

Esquema simplificado de un automóvil híbrido serie

En la configuración paralelo

-El motor de combustión tiene mayor eficiencia y por lo tanto menor consumo de combustible que en la configuración serie, ya que la energía mecánica se pasa directamente al eje de tracción.

-Se suprime el generador, lo que hace disminuir tanto el precio como el peso.

Posibilidades de conexión entre el motor eléctrico y el de combustión.

-La más común es una combinación de pares en una disposición de dos ejes (caso A).

-Otra posibilidad consiste en unir a un sólo eje ambos motores (caso B) mediante un sumador de par, en donde se puede determinar cuál es la capacidad en que cada motor contribuye al par total.

-Otra posibilidad (caso C - sumador de velocidades) consiste en generar la energía necesaria para el movimiento a través de la combinación de la velocidad rotacional de ambos motores en una caja diferencial que está situada entre los dos motores.

-Otra posibilidad es en la que no hay conexión mecánica entre ellos (caso D), y que se considera una conexión tipo paralelo porque ambos motores pueden contribuir, en paralelo, a la fuerza de tracción requerida por el vehículo.

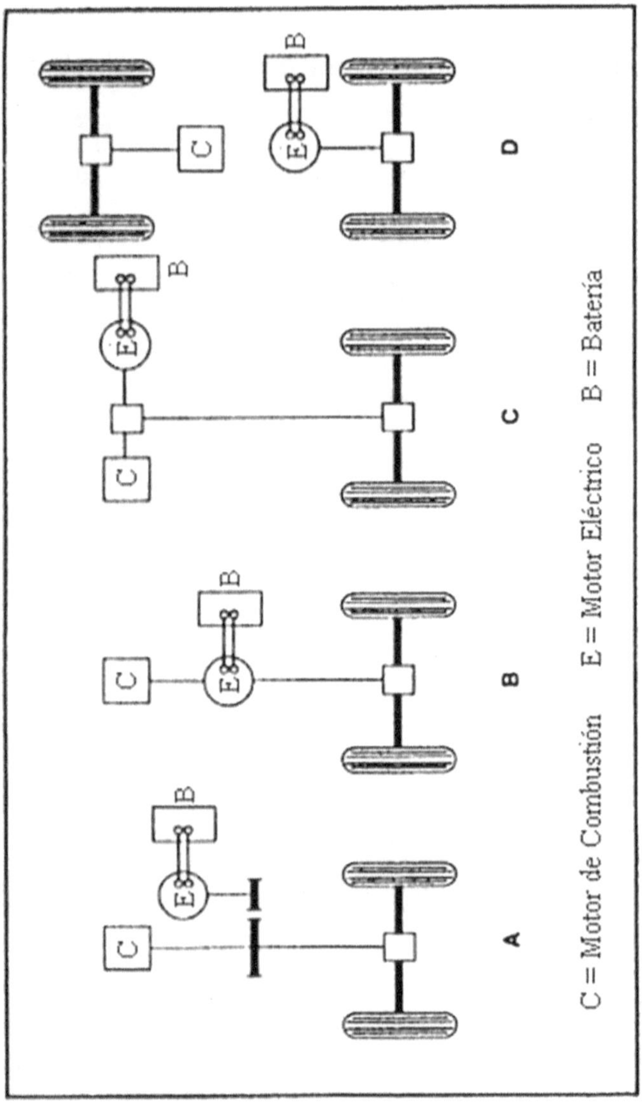

Automóvil Eléctrico *Ing. Miguel D'Addario*

Diferentes configuraciones de automóviles híbridos tipo paralelo

Turbinas de gas

-Los motores de combustión se intentan sustituir por turbinas de gas por su reducido peso y facilidad de posicionamiento, haciéndolas más competitivas que los motores de combustión convencionales.

-Sus cámaras de combustión se suelen diseñar para reducir las emisiones

-Disponen de un intercambiador de calor que recircula la alta temperatura hacia el aire que se encuentra en el compresor, elevando así su rendimiento, y haciendo de tubo de escape silencioso.

-Existe mucha flexibilidad, al seleccionar los combustibles que alimentan la turbina.

-Se consigue con la turbina de gas un mayor rendimiento,

-Las emisiones de CO_2 se sitúan 10 veces por debajo de los niveles actuales.

-En óxidos de nitrógeno se reducen al 50%. En hidrocarburos queda 7 veces por debajo.

-La solución más ecológica, los vehículos solares.

Prototipo de un coche solar

Prestaciones de los automóviles eléctricos

Neumáticos

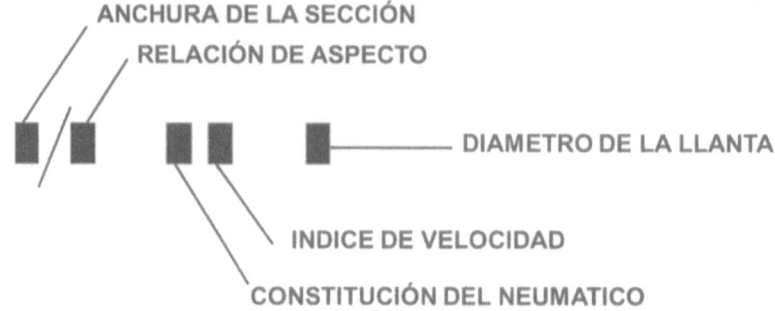

Leyenda de denominación de neumático

1) Anchura de la sección. Anchura de la sección del neumático sin deformar, (mm).

2) Diámetro de la llanta. Diámetro de la llanta del neumático (pulgadas).

3) Relación de aspecto o perfil.
Relación entre la altura y la anchura de la sección del neumático. Se expresa en tanto por ciento (%).

$$\text{perfil} = \frac{\text{altura}}{\text{anchura}}$$

4) Altura de la sección. Altura de la sección del neumático, (mm).

5) Diámetro exterior de la rueda. Diámetro exterior del neumático sin deformar, (mm). Se suma a la llanta, el valor de la altura de la sección multiplicado por dos.

6) Constitución del neumático. Factor que depende de la resistencia a la rodadura. Usualmente hay dos posibilidades:
    R = radial (menor resistencia a la rodadura)
    D = diagonal (normalmente para camiones y tractores)

7) Índice de velocidad. Nos indica el rango de velocidad para el cual ha sido diseñado el neumático. Existen varias posibilidades en función de la velocidad:
    S = velocidad < 200 Km/h
    H = velocidad hasta 210 Km/h
    V = velocidad hasta 240 Km/h
    Z = velocidad > 240 Km/h

8) Índice de carga. Nos indica la carga de presión de inflado del neumático. Para calcular la carga máxima sobre

cada una de las ruedas expresada en Kg se aplica la fórmula siguiente:

Pmax = 45 x (1.0292) n, donde n es el índice de carga

9) Radio de la rueda en carga.

Radio del neumático deformado debido a la carga.

Se suele establecer un porcentaje sobre el radio de la rueda sin deformar, que suele estar alrededor del 90%.

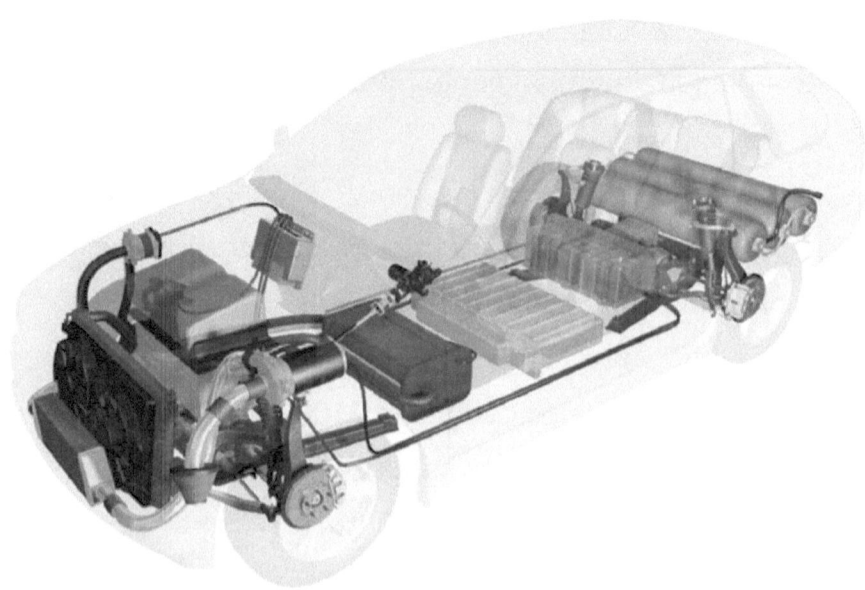

Vista general de las partes de un automóvil eléctrico

Seguridad en automóviles eléctricos

Los vehículos eléctricos representan una tecnología bastante diferente a la de los vehículos convencionales actuales de combustión interna. El uso de sistemas de tracción que utilizan baterías trae consigo una serie de riesgos de seguridad y peligros. Así se verán los siguientes temas:

-Seguridad en el sistema de tracción eléctrica: aspectos eléctricos y mecánicos.
-Seguridad en la batería de tracción: aspectos eléctricos, mecánicos y químicos.
-Seguridad en la carga de baterías.
-Seguridad en los conectores.
-Seguridad con el cableado.

Regulaciones y normativas existentes
Debido a que los vehículos eléctricos no están ampliamente establecidos en los países europeos, no existe todavía una legislación especialmente dirigida a ellos. Sin embargo, se tienen que seguir numerosas directivas, regulaciones y normas que se expondrán a continuación.

Directivas de la CEE

Muchas de las directivas de la CEE se pueden aplicar directamente a los automóviles eléctricos, estando la mayoría relacionadas con el equipo de seguridad del vehículo (luces, etc.).

Normas

El borrador internacional de las normas ISO/DIS 6469.2.2 se titula "Automóviles eléctricos - Especificaciones". Este borrador está todavía incompleto, aunque formula algunas recomendaciones de seguridad. Dentro de las ISO, los vehículos eléctricos están incluidos en el comité TC22/SC21.

La norma europea, prEN 50066 trata de "Miniacoplamientos para la interconexión del equipo principal eléctrico de automóviles eléctricos". La cual es utilizada para el equipo auxiliar de calentamiento del motor, sobre todo en países del norte de Europa, aunque también puede ser utilizado para la recarga de batería.

La norma alemana DIN / VDE 0122 trata del equipamiento eléctrico de un automóvil eléctrico. Esta norma está ampliamente dedicada a la definición de valores nominales y procedimientos de ensayo, aunque también recoge aspectos relacionados con la seguridad.

Existe un borrador de norma europea sobre "requerimientos eléctricos de camiones impulsados por baterías" (CEN/TC 150/WG 4 N 75) desde ahora CEN/N 75. Este borrador reemplazará eventualmente la directiva ECC 86/663, y está dirigida también al vehículo industrial.

Publicaciones de la IEC

El comité internacional electromecánico ha preparado varias publicaciones relacionadas con los automóviles eléctricos:

IEC 718 (1992). Equipamiento eléctrico para la alimentación de energía a los vehículos de carretera impulsados por baterías.

IEC 783 (1984). Cables y conectores para automóviles eléctricos.

IEC 784 (1984). Instrumentación para automóviles eléctricos.

IEC 785 (1984). Máquinas rotativas para automóviles eléctricos.

IEC 786 (1984). Controladores para automóviles eléctricos.

Seguridad en el sistema de tracción eléctrico
Protección contra sacudidas eléctricas
Niveles de voltaje en vehículos eléctricos
El voltaje de las baterías de tracción varía entre 60 V o menos para coches pequeños hasta 200 V para furgonetas. Los voltajes más utilizados son los de 72 V y 96 V. Para el caso de autobuses los voltajes pueden ser más elevados (300 V o incluso 600 V), además las nuevas baterías y los nuevos sistemas de conducción nos llevan a utilizar elevados voltajes en coches pequeños también, aunque elevados voltajes pueden significar bajas corrientes, bajas pérdidas y en muchos casos un coste de los componentes más bajo.

La directiva de CEE 86/663, limita el voltaje de la batería a 96 V para vehículos eléctricos industriales. Este voltaje es excesivo para algunos automóviles pequeños a los cuales la norma no los contempla. Para automóviles eléctricos, la limitación de un voltaje máximo a 96 V es excesiva, teniendo en cuenta las evoluciones actuales de la tecnología. En el nuevo borrador de norma CEN /N75, el límite de voltaje ha sido ampliado a 240 V, pero con requerimientos especiales de seguridad para aquellos que superen los 120 V.

La tensión de las baterías es corriente continua, pudiendo ser AC o DC pulsada en el circuito de control y en el motor. Aparte de esto, voltajes de hasta 220 o 380 V pueden aparecer en el vehículo cuando este lleva incorporado u cargador del tipo de abordo. Para operaciones auxiliares, como la iluminación o los limpiaparabrisas, se utiliza un voltaje de 12 V, de manera que se puedan utilizar componentes ya existentes en el mercado del automóvil.

Voltajes de seguridad

Para prevenir la electrocución, el voltaje deberá ser más bajo que el límite convencional absoluto UL. Este voltaje se define de tal manera, que la exposición del cuerpo humano a este voltaje no cree ningún riesgo de electrocución. Su valor depende de las características de la exposición a este voltaje, más particularmente de la resistencia del cuerpo humano, el cual en sí mismo es función de la humedad. Existen unos códigos convencionales definidos para caracterizar la exposición del cuerpo humano a la electricidad. Para automóviles eléctricos se pueden aplicar los siguientes códigos convencionales:

BB2: Baja resistencia del cuerpo, piel húmeda (por ejemplo, un conductor circulando su vehículo, mojado por la lluvia).

BC3: Contacto con cuerpos conductores (por ejemplo, un operador tocando la carrocería metálica del coche u otras partes metálicas.

Bajo estas circunstancias, la seguridad a un nivel de bajo voltaje es:

    25 V para AC.
    60 V para DC pura.

Protección contra el contacto directo

El contacto directo es una de las causas más comunes que se dan en una electrocución. La protección frente al contacto directo es bastante rígida: las partes eléctricas del sistema de tracción deben estar protegidas contra el contacto directo de las personas que hay tanto en el interior como en el exterior del coche, a través de algún sistema de aislamiento o situándolas en una posición inaccesible. Este requerimiento está detallado en la norma ISO/DIS 6469.2, §3.9.1.1, §3.9.1.2. y § 3.9.1.3.

La norma EEC 86/663 (§ 9.7.3.5.1) establece que las partes activas deberán estar protegidas para prevenir el contacto directo, sin ningún otro comentario más.

Protección frente a contacto indirecto

La protección contra contacto indirecto proviene de un error en la conexión de la red de tracción al bastidor del vehículo. Una conexión fortuita entre el circuito de tracción y el bastidor del vehículo puede producir un corto circuito, electrocución o una operación incontrolada. De acuerdo con la práctica y con la ISO/DIS 6469.2 § 3.9.2.1.1 y la ECC 86/663 § 9.7.3.5.2, el bastidor del vehículo debe estar aislado del circuito de tracción y no formar parte de ningún circuito eléctrico de potencia.

En la mayoría de los vehículos de combustión, la red auxiliar de abordo (iluminación) está conectada al bastidor del vehículo, utilizándolo como un conductor de retorno. Este procedimiento en vehículos eléctricos puede provocar problemas especiales de operaciones incontroladas. El circuito eléctrico del vehículo se puede ver en la figura.

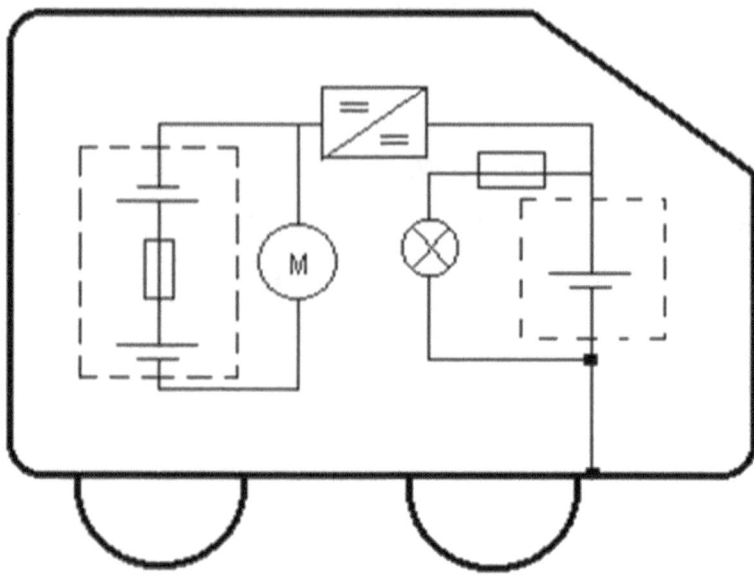

Hay que decir que, en la mayoría de los casos, una simple derivación no interfiere en el funcionamiento del vehículo y no es peligroso.

Sin embargo, cuando ocurre una segunda derivación, hay una gran posibilidad de que se establezca un circuito de retorno a través del bastidor, lo cual es entonces muy peligroso.

Un corto circuito de la batería de tracción a través del bastidor normalmente significa un cortocircuito de corriente muy elevada que puede producir chispas, calentamiento, posibilidad de fuego y explosión de la batería.

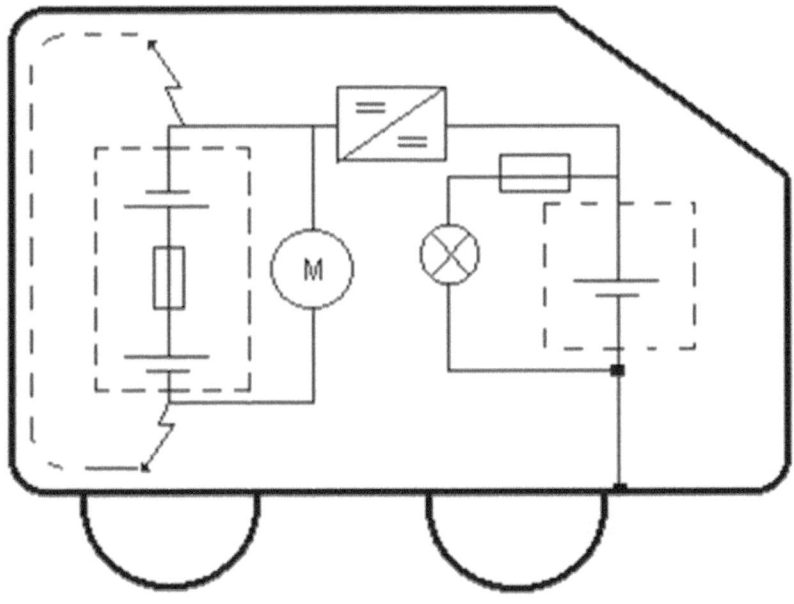

Derivación con el bastidor. Batería en corto circuito.

Otra situación de peligro ocurre cuando se producen dos derivaciones, sobre partes metálicas del bastidor que no están eléctricamente conectadas.

En este caso cuando una persona toca estas dos partes, está expuesta a el voltaje total de la batería y puede ser electrocutado, en este caso, el fusible no actúa.

Automóvil Eléctrico *Ing. Miguel D'Addario*

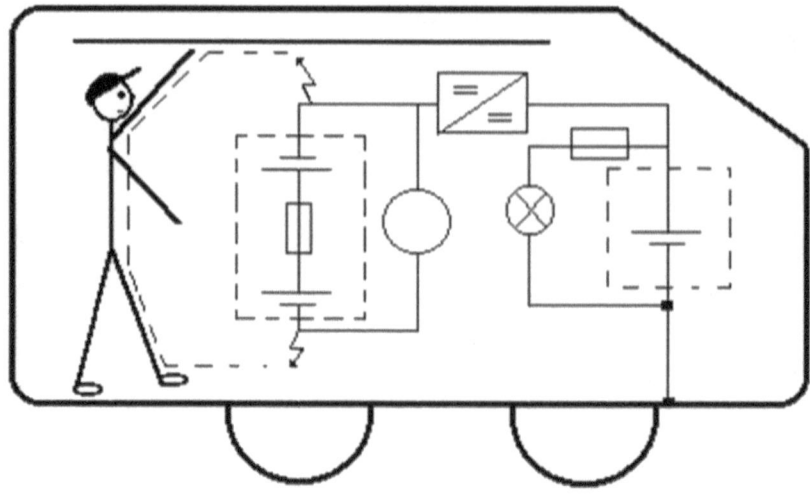

Derivación con el bastidor. Peligro de electrocución.

Cables

Propiedades de los cables

Los cables conectores para carga de vehículos eléctricos deberán soportar un tratamiento severo, y deberán ser resistentes al aceite y al ácido. Deben permanecer flexibles incluso a bajas temperaturas.

Sólo los cables aislados de goma (H07 RN-F) deberían ser utilizados según DIN/VDE 0122, § 4.3.9.

La sección del cable debe ser suficiente. Para conexiones normales de 16 A se recomienda que la sección sea de al menos 2.5 mm^2, para dar más resistencia mecánica al cable y reducir la caída de tensión.

Configuraciones de los cables

La conexión entre la estación de recarga y el vehículo se puede realizar de tres formas diferentes:

a) El cable está fijo al vehículo y el conector se inserta en una toma de la estación de carga.

b) Se utiliza un cable suelto, fijado por una parte en la toma de la estación de carga y por otra en la entrada del vehículo.

c) El cable está fijo en la estación de carga y se conecta a la entrada del vehículo.

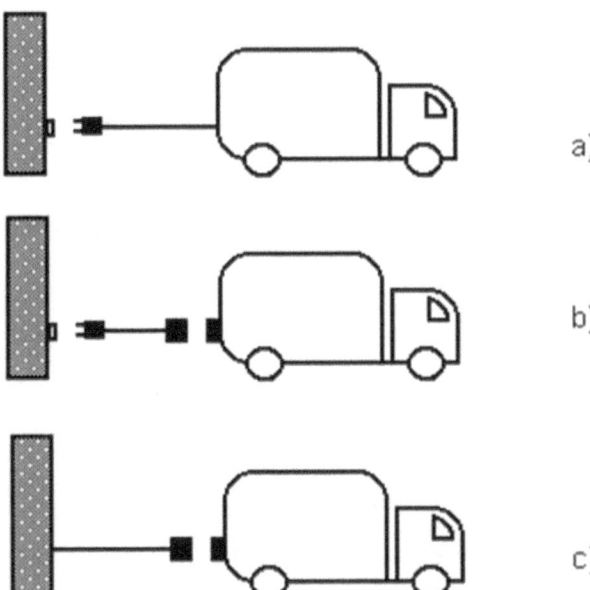

Para cargadores de abordo, los tipos más utilizados son el a) o el b). Para cargadores externos (con cables pesados de corriente continua) se utiliza principalmente el tipo c). El tipo c) es el recomendado por los fabricantes de coches y el tipo a) por las compañías eléctricas debido a varias razones:

la carga principal tiene lugar por la noche, normalmente en un garaje privado, donde existen tomas de corriente, si el cable es parte de la toma de corriente se precisará la instalación de una nueva infraestructura.

-Es más sencillo utilizar cada vehículo su propio cable, puesto que la carga principal es por la noche, en vez de requerir al propietario de la estación de recarga instalar un cable extra, lo que supone un coste adicional.

-La instalación de un cable desenrollable dentro del vehículo, proporciona flexibilidad, rapidez y disponibilidad total para la recarga.

-Existe la posibilidad de vandalismo o dejadez por parte de los usuarios se utiliza un cable común en una estación de carga pública.

-Si el cable está conectado permanentemente a la estación de carga, los sistemas de seguridad deberán chequear que el vehículo está apropiadamente conectado antes de empezar el proceso de carga, lo que resulta costoso y laborioso, más que si el cable está permanentemente conectado al vehículo.

En particular el tipo c) está catalogado de ilegal por los posibles riesgos que entraña el tener un cable que puede aparecer en lugares públicos con graves daños de avería. Otra de las ventajas del tipo a) es la flexibilidad, pues con este tipo de cable y un cargador de abordo la recarga se puede realizar en cualquier toma y cuando sea necesario.

Legislación europea
Se va a realizar un resumen de la legislación europea vigente en el entorno de la seguridad de los vehículos eléctricos.

a) Seguridad Activa:
Iluminación: Varios ECE
Bocinas: ECE R12.
Frenos: ECE R13.
Cinturones de seguridad: ECE R16.
Asientos: ECE R17.
Dirección: ECE R79.
Ruedas: ECE R30.
Retrovisores: ECE R46.

b) Ergonomía:

Pedales: ECE R35.

Instrumentación: ECE R21.

c) Seguridad Pasiva:

Puertas: ECE R11.

Dirección: ECE R12.

Anclajes de cinturones de seguridad: ECE R14.

Cinturones de seguridad: ECE R16.

Asientos: ECE R17.

Interior: ECE R21.

Cabezales de asientos: ECE R25.

Carrocería: ECE R26.

Choque frontal: ECE R32.

Choque trasero: ECE R33.

Fuego: ECE R34.

Parachoques: ECE R42.

Lunas: ECE R43.

Asientos para niños: ECE R44.

d) Aspectos electrotécnicos:

Controladores: IEC 786 de 1984.

Cargadores: IEC 718 de 1982.

Maquinas rotativas: IEC 785 de 1984.

Cables y conectores: IEC 783 de 1984.

Instrumentación: IEC 784 de 1984.

Seguridad Eléctrica: VDE 0100/0122.

Compatibilidad electromagnética: DIN 40839.

Descarga: DIN IEC 68.

Humedad: DIN 50017.

e) Aspectos generales de vehículos eléctricos:

Ciclos de funcionamiento: ECE – 15.

Ciclos de funcionamiento: SAE J227a.

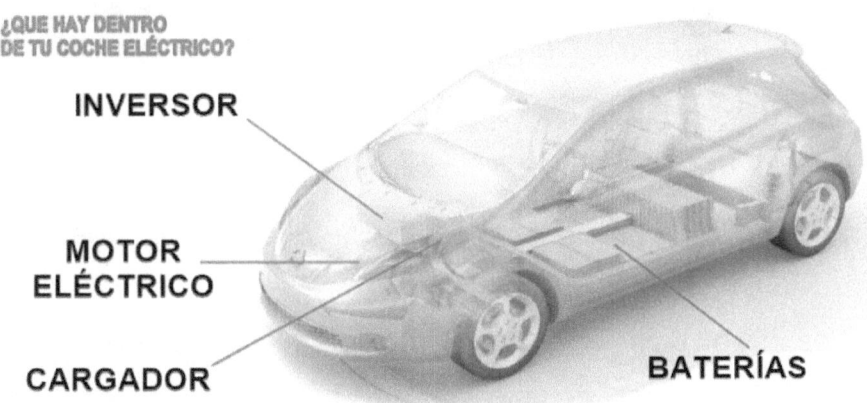

Partes eléctricas de um automóvil eléctrico

Conceptos técnicos del vehículo eléctrico

Un vehículo eléctrico es un vehículo propulsado por uno o más motores eléctricos. La tracción puede ser proporcionada por ruedas o hélices impulsadas por motores rotativos, o en otros casos utilizar otro tipo de motores no rotativos, como los motores lineales o los motores inerciales.

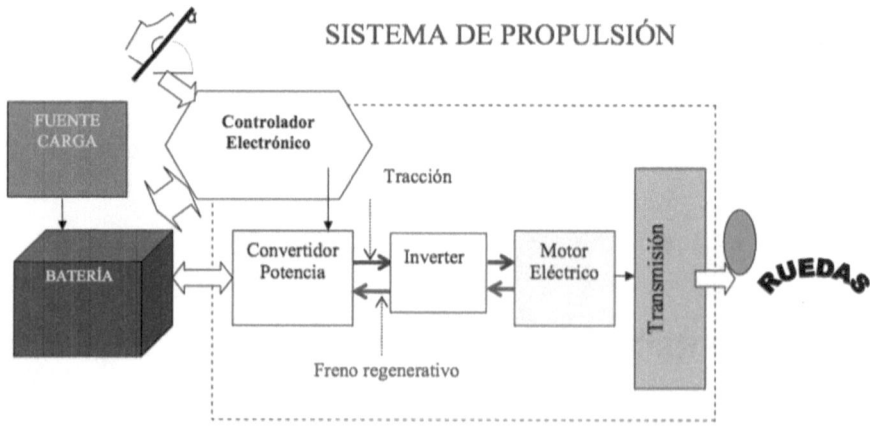

Esquema conceptual de la configuración de un vehículo eléctrico

Los vehículos eléctricos obtienen su capacidad de movimiento por la energía eléctrica liberada por unas baterías o bien por una célula de combustible de hidrógeno o tomada directamente de una red eléctrica a la que están conectados permanentemente (ejemplo el trolebús). El sistema de generación y acumulación de la energía eléctrica constituye el sistema básico para mover un vehículo eléctrico. Generalmente, para ello se utilizan los acumuladores electroquímicos, formados por dos substancias conductoras bañadas en un líquido también conductor. El intercambio de cargas positivas y negativas entre ambos componentes mantiene una corriente eléctrica que puede ser utilizada para el funcionamiento del motor del vehículo eléctrico.

En el motor de combustión, sólo el 18% de la energía del combustible es utilizada para mover el vehículo, el resto sirve para accionar el motor. En el vehículo eléctrico el 46% de la energía liberada por las baterías sirve para mover el vehículo, lo que indica una eficiencia entre 10-30% superior de este, respecto al vehículo convencional con motor de explosión.

En un vehículo eléctrico puede haber un solo motor de tracción o varios, acoplados a las ruedas. Su función es transformar la energía eléctrica que llega de las baterías en energía cinética o de movimiento.

Esta energía puede ser aprovechada en forma de corriente continua o en forma de corriente alterna. En este último caso requiere de un inversor.

Motor eléctrico

Un motor eléctrico es una máquina rotativa que transforma la energía eléctrica en energía mecánica, a través de diferentes interacciones electromagnéticas. Hay algunos motores eléctricos que son reversibles, es decir, que pueden hacer el proceso inverso al mencionado antes, esto es transformar la energía mecánica en energía eléctrica pasando a funcionar como un generador. El principio de la conversión de la energía eléctrica en energía mecánica por medios electromagnéticos fue demostrado por el científico británico Michael Faraday en 1821. De acuerdo con este principio, sobre un conductor con corriente aparece una fuerza mecánica cuando se encuentra en presencia de un campo magnético externo.

El primer motor eléctrico usando los electroimanes para las piezas inmóviles y que rotaban fue construido por Ányos Jedlik en 1828 Hungría, que desarrolló más adelante un motor de gran alcance para propulsar un vehículo. El primer motor eléctrico continuo de uso práctico fue inventado por el científico británico Esturión de Guillermo en 1832. El primer motor eléctrico continuo hecho con la intención de ser usado comercialmente fue construido por el americano Thomas Davenport y patentado en 1837.

Debido al alto costo de la energía proveniente de una batería, los motores no fueron económicamente rentables.

Motor eléctrico

Diferencias entre los motores eléctricos y los motores térmicos

Tienen un tamaño menor y pesan menos en comparación con un motor térmico de similar potencia.

Son motores silenciosos y no emiten gases contaminantes.

Carece de ralentí, ya que parte desde parado, puesto que el motor eléctrico puede arrancar y pararse en cualquier posición.

Es un motor más simple que el motor térmico, lo que supone un mantenimiento más barato.

Los motores eléctricos se caracterizan por una potencia prácticamente constante desde el arranque (cosa que en los motores térmicos varía según el régimen) y un par muy elevado (que se mantiene constante hasta un régimen de vueltas medio, medio-bajo).

Carecen de caja de cambios. El único elemento parecido a una caja de cambios es un grupo reductor (una sola marcha), cuya función es reducir el número de vueltas del motor. Los motores eléctricos, en general, funcionan a mayores revoluciones que los motores térmicos en relación con el número de vueltas que llegan a la transmisión, y por tanto a las ruedas, permitiendo así una aceleración continúa. No obstante, ya existen cajas de cambios para vehículos eléctricos, las cuales permitirán una mayor eficiencia y un menor consumo energético.

El rendimiento de los motores eléctricos es del 90%, frente al 30 o 40% de los motores térmicos en el mejor de los casos (pérdida por rozamientos en forma de calor).

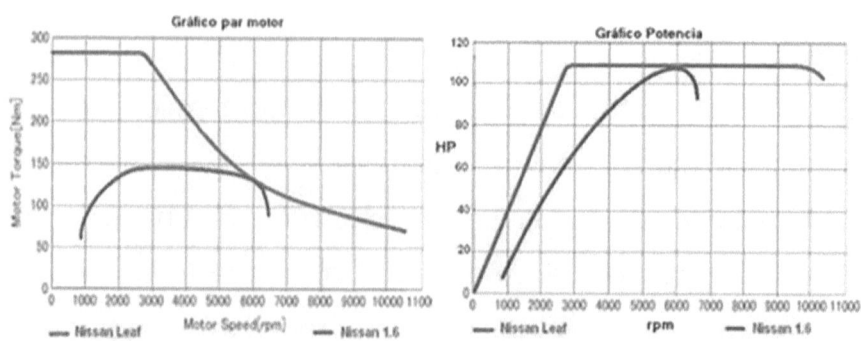

Curva par motor Nissan

En el grafico se pueden ver las curvas típicas de un motor eléctrico y de un motor de gasolina de 1600 cm³. Se han comparado dos motores de Nissan de 109 CV de potencia. La potencia máxima es la misma, pero en realidad el motor eléctrico es más potente en casi todas las circunstancias: hasta 1000 rpm ofrece más del triple de potencia, hasta 2000 rpm más del doble y aunque las curvas se van acercando hacia 6.000 rpm, el de gasolina corta a 6.500 rpm y el del Nissan Leaf aún ofrece su potencia máxima hasta 9800 rpm y gira hasta 10.400 rpm. Por eso cuando la gente prueba un vehículo eléctrico por primera vez, lo sorprende la potencia alcanzada a velocidades bajas o medias. Son mucho más potentes que un vehículo térmico equivalente, en esas condiciones.

Otro factor diferenciador importante es que el motor térmico es incapaz de girar por debajo del régimen de ralentí o velocidad mínima (un 700 rpm): el giro se vuelve inestable, en cambio el motor eléctrico es capaz de girar igual de equilibrado y con la misma fuerza (par) a 20 rpm que a 2000 rpm y desde 0 rpm dispone ya del par máximo. El motor eléctrico no necesita girar cuando el vehículo está parado, ni un embrague para iniciar la marcha. Como para el inicio de la marcha lo importante es el par y no la potencia, si le acoplamos una caja de 5 marchas sería capaz de arrancar con toda suavidad con cualquiera de ellas, aunque lógicamente en las marchas largas las aceleraciones serían menos suaves.

Tipos de motores eléctricos utilizados para vehículos eléctricos

-Motor de inducción: Es un tipo de motor de corriente alterna en el que la corriente eléctrica del rotor necesaria para producir torsión es inducida por inducción electromagnética del campo magnético de la bobina del estator. Por lo tanto, un motor de inducción no requiere una conmutación mecánica aparte de su misma excitación. El primer prototipo de motor eléctrico capaz de funcionar con corriente alterna fue desarrollado y construido por el ingeniero Nicola Tesla y presentado en el American Institute of Electrical Engineers (en español, Instituto Americano de Ingenieros Eléctricos y Electrónicos, actualmente IEEE) en 1888.

Se puede definir al motor asincrónico o de inducción como un transformador eléctrico cuyos bobinados del estator representan el primario, y los devanados del rotor equivalen al secundario de un transformador en cortocircuito.

En el momento del arranque, producto del estado de reposo del rotor, la velocidad relativa entre campo del estator y del rotor es muy elevada. Por lo tanto, la corriente inducida en el rotor es muy alta y el flujo de rotor (que se opone siempre al del estator) es máximo. Como consecuencia, la impedancia del estator es muy baja y la corriente absorbida de la red es muy alta, pudiendo llegar a valores de hasta 7 veces la intensidad nominal. Este valor no hace ningún daño al motor ya que es transitorio, y el fuerte par de arranque hace que el rotor gire enseguida, pero causa reducciones bruscas e instantáneas de la tensión que se manifiestan sobre todo como parpadeo en las lámparas y puede producir daños en equipos electrónicos sensibles.

Los motores de inducción están todos preparados para soportar esta corriente de arranque, pero si ocurre en forma repetida y muy frecuente pueden elevar progresivamente la temperatura del estator y comprometer la vida útil de los devanados del mismo hasta originar fallas por derretimiento del aislamiento.

Por eso se utilizan en potencias medias y grandes, dispositivos electrónicos de "arranque suave", que minimizan la corriente de arranque del motor.

Al aumentar la velocidad del rotor, la corriente de este disminuye, el flujo magnético del rotor también, y con ello la impedancia de los devanados del estator. Este es un fenómeno de inducción mutua. La situación es la misma que la de conectar un transformador con el secundario en corto a la red de CA y luego con una resistencia variable intercalada ir aumentando progresivamente la resistencia de carga hasta llegar a la intensidad nominal del secundario. Lo que sucede en el circuito del estator es un reflejo de lo que sucede en el circuito del rotor.

-Motores Síncronos de imán permanente: Son motores eléctricos cuyo funcionamiento se basa en imanes permanentes. Existen diversos tipos, siendo los más conocidos:

Motores de corriente continua de imán permanente;

Motores de corriente alterna de imán permanente;

Motores paso a paso de imán permanente.

En aplicaciones en que el motor es operado electrónicamente desde un inversor, no es necesario el devanado amortiguador para el arranque pues este lo realiza el control electrónico, y además el devanado amortiguador (dámper) produce pérdidas de energía adicionales debido a las formas de onda no senoidales.

-Motor de flujo axial: Este tipo de motores se introduce normalmente en la rueda de un vehículo ya que debido a su tecnología permite grandes desarrollos. Es sin duda este tipo de motores el futuro de los vehículos. Se puede variar la posición de los devanados e imanes de rotor y estator, permiten un flujo de campo magnético paralelos al eje del motor sin que el principio de funcionamiento difiera mucho de lo ya conocido, pero reduciendo considerablemente el volumen total ocupado por la máquina eléctrica. Dado que la fuerza electromagnética entre rotor y estator se ejerce de forma axial, es decir en dirección axial, en primera instancia podría llegar a pensarse que este tipo de motores afecta mucho los rodamientos que soportan el eje. La arquitectura de estas máquinas permite separar el estator en dos discos que actúan sobre el rotor, que no es más que otro disco alojado entre los dos anteriores. De esta manera las fuerzas que son axiales se contrarrestaran y los rodamientos del eje sólo soportan su propio peso y las fuerzas de inercia. La forma del disco permite grandes flujos magnéticos para tamaños más reducidos del rotor lo que hace que el momento de inercia, y la masa total del conjunto se puedan ver reducidos. Esta propiedad de baja inercia le da un valor añadido como herramienta de posicionamiento. Constructivamente no existen inconvenientes en la fabricación de rotor, ya que es un disco formado con imanes permanentes ubicados de forma conveniente. En cambio, el bobinado del rotor sobre un cuerpo de chapa como todos los otros bobinados no es tan sencillo. El hecho de usar chapas apiladas separadas con un barniz aislante, en lugar de piezas metálicas macizas para dar cuerpo y consistencia a los bobinados se debe a la intención de disminuir las pérdidas en el flujo magnético por corrientes de Foucault inducidas por las corrientes alternas de los devanados. Hay una gran diferencia en estructura con la fabricación de un motor de flujo radial.

Lo ideal del motor de flujo axial es sin duda la reducción de tamaño y el beneficio en cuanto a prestaciones, aunque la idea de poner un motor, en cada rueda no es nueva.

Ya se había pensado en este tipo de motores como una reducción de peso, y un aumento de potencia considerable al igual que de autonomía.

-Motor de reluctancia conmutada: Un eje de hierro que puede girar apoyado sobre unos rodamientos, o también los dientes de un rotor de hierro, se orientan en un campo magnético producido gracias a una corriente eléctrica en los polos del estator. Mediante una determinada conmutación del campo magnético se conseguirá un movimiento rotatorio del núcleo de hierro. En el caso de que este rotor posea más dientes, se puede comparar su forma a la de una rueda dentada de gran espesor. El concepto reluctancia se corresponde con la resistencia magnética, la cual opone dicho rotor al campo electromagnético. La generación y posterior conmutación del campo magnético se realiza en los bobinados de los polos de la parte fija de la máquina, a través de la electrónica de potencia conectada al motor. Con la electrónica de potencia (convertidor de corriente y convertidor de frecuencia), se puede influir de la manera deseada tanto en las revoluciones como en el par de giro del motor. Los motores de reluctancia conmutados pueden ser pequeños o grandes.

-Motor de corriente continua sin escobillas: También conocido como brushless es un motor eléctrico que no emplea escobillas para realizar el cambio de polaridad en el rotor.

Los motores eléctricos solían tener un colector de delgas o un par de anillos que se rozan. Estos sistemas, que producen rozamiento, disminuyen el rendimiento, desprenden calor y ruido, requieren mucho mantenimiento y pueden producir partículas de carbón que manchan el motor de un polvo que, además, puede ser conductor.

Los primeros motores sin escobillas fueron los motores de corriente alterna asíncronos. Hoy en día, gracias a la electrónica, se muestran muy ventajosos, ya que son más baratos de fabricar, pesan menos y requieren menos mantenimiento, pero su control era mucho más complejo. Esta complejidad prácticamente se ha eliminado con los controles electrónicos.

El inversor debe convertir la corriente alterna en corriente continua, y otra vez en alterna de otra frecuencia. Otras veces se puede alimentar directamente con corriente continua, eliminado el primer paso. Por este motivo, estos motores de corriente alternan se pueden usar en aplicaciones de corriente continua, con un rendimiento mucho mayor que un motor de corriente continua con escobillas. Algunas aplicaciones serían los vehículos y aviones con radiocontrol, que funcionan con pilas.

Otros motores sin escobillas, que sólo funcionan con corriente continua son los que se usan en pequeños aparatos eléctricos de baja potencia, como lectores de CD-ROM, ventiladores de ordenador, casetes, etc. Su mecanismo se basa en sustituir la conmutación (cambio de polaridad) mecánica por otra electrónica sin contacto. En este caso, la espira sólo es impulsada cuando el polo es el correcto, y cuando no lo es, el sistema electrónico corta el suministro de corriente. Para detectar la posición de la espira del rotor se utiliza la detección de un campo magnético. Este sistema electrónico, además, puede informar de la velocidad de giro, o si está parado, e incluso cortar la corriente si se detiene para que no s e produzcan aumentos de corriente. Tienen la desventaja de que no permiten invertir el sentido de giro a partir de la polaridad. Para hacer el cambio se deben hacer modificaciones físicas en el sistema electrónico.

De todos ellos, uno está teniendo un uso más extendido
El motor síncrono de imanes permanentes. Este presenta una gran densidad de potencia y un coste de mantenimiento bajo, unido todo ello a un volumen y peso reducido. Sin embargo, tiene algunas desventajas: un precio alto y tendencia a desmagnetizar sus imanes (ya que es una tecnología no muy experimentada).

Baterías

Es un dispositivo que consiste en una o más celdas electroquímicas que pueden convertir la energía química almacenada en electricidad. Cada celda consta de un electrodo positivo ánodo y un electrodo negativo o cátodo y electrolitos que permiten que los iones se muevan entre los electrodos, facilitando que la corriente fluya fuera de la batería para llevar a cabo su función. Es el componente principal de los vehículos eléctricos puesto que de ellas depende en gran parte el precio, el peso y la autonomía de estos vehículos.

Tecnologías de las baterías

-Batería de plomo y acido: Está constituida por dos electrodos de plomo, de manera que, cuando el aparato está descargado, se encuentra en forma de sulfato de plomo (II) ($PbSO_4$) incrustado en una matriz de plomo metálico en el elemento metálico (Pb); el electrólito es una disolución de ácido sulfúrico. A continuación, su funcionamiento:

-Carga: Durante el proceso de carga inicial, el sulfato de plomo (II) pierde electrones o se reduce a plomo metal en el polo negativo (cátodo), mientras que en el ánodo se forma óxido de plomo (IV) (PbO$_2$). Por lo tanto, se trata de un proceso de dismutación. No se libera hidrógeno, ya que la reducción de los protones a hidrógeno elemental está cinéticamente impedida en la superficie de plomo, característica favorable que se refuerza incorporando a los electrodos pequeñas cantidades de plata. El desprendimiento de hidrógeno provocaría la lenta degradación del electrodo, ayudando a que se desmoronasen mecánicamente partes del mismo, alteraciones irreversibles que acortarían la duración del acumulador.

-Descarga: Durante la descarga se invierten los procesos de la carga. El óxido de plomo (IV), que ahora funciona como cátodo, se reduce a sulfato de plomo (II), mientras que el plomo elemental se oxida en el ánodo para dar igualmente sulfato de plomo (II). Los electrones intercambiados se aprovechan en forma de corriente eléctrica por un circuito externo. Se trata, por lo tanto, de una conmutación. Los procesos elementales que trascurren son los siguientes:

En la descarga baja la concentración del ácido sulfúrico, porque se crea sulfato de plomo (II) y aumenta la cantidad de agua liberada en la reacción. Como el ácido sulfúrico concentrado tiene una densidad superior a la del ácido sulfúrico diluido, la densidad del ácido puede servir de indicador para el estado de carga del dispositivo.

-Ciclos y vida útil: No obstante, este proceso no se puede repetir indefinidamente, porque, cuando el sulfato de plomo (II) forma cristales, ya no responden bien a los procesos indicados, con lo que se pierde la característica esencial de la reversibilidad. Se dice entonces que la batería se ha «sulfatado» y es necesario sustituirla por otra nueva. Las baterías de este tipo que se venden actualmente utilizan un electrolito en pasta, que no se evapora y hace mucho más segura y cómoda su utilización.

Tienen Bajo costo y fácil fabricación. Aunque por otro lado tiene ciertas desventajas como: No admiten sobrecargas ni descargas profundas, viendo seriamente disminuida su vida útil, Altamente contaminantes.

Baja densidad de energía: 30 W h/kg.

Peso excesivo, al estar compuesta principalmente de plomo; por esta razón su uso en automóviles eléctricos se considera poco lógico por los técnicos electrónicos con experiencia.

Su uso se restringe por esta razón.

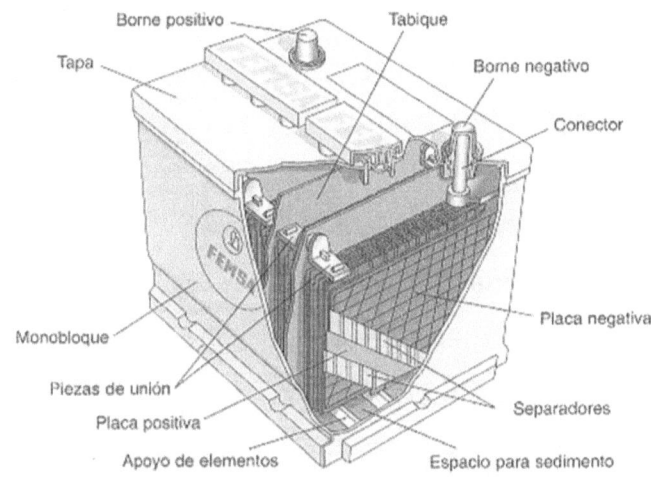
Batería de plomo y ácido

-Batería Níquel Cadmio (NiCd): Utilizan un ánodo de níquel y un cátodo de cadmio.

El cadmio es un metal pesado muy tóxico, por lo que han sido prohibidas por la Unión Europea.

Tienen una gran duración (más de 1.500 recargas).

Ventajas

-Admiten un gran rango de temperaturas de funcionamiento.

-Admiten sobrecargas, se pueden seguir cargando cuando ya no admiten más carga, aunque no la almacena.

Desventajas

-Efecto memoria muy alto.

-Densidad de energía baja.

Características

-Voltaje proporcionado: 1,2 V;

-Densidad de energía: 50 W h/kg;

-Capacidad usual: 0,5 a 1,0 A (en pilas tipo AA);

-Efecto memoria: muy alto.

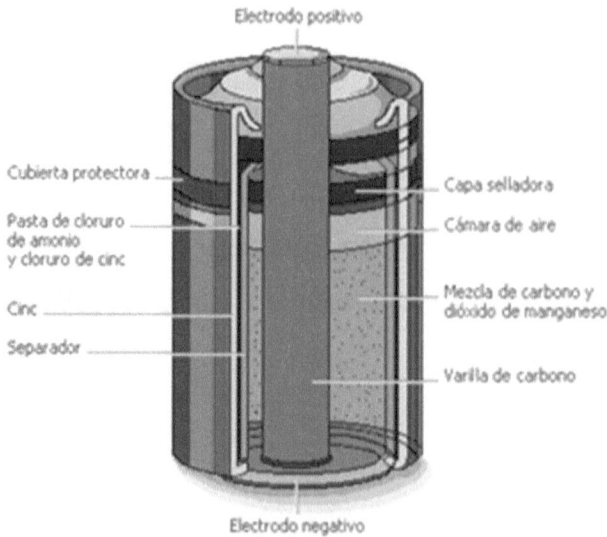

Batería de Níquel Cadmio

-Baterías de Níquel-Hidruro Metálico (NiMH): Es un tipo de batería recargable que utiliza un ánodo de oxihidróxido de níquel (NiOOH), como en la batería de níquel cadmio, pero cuyo cátodo es de una aleación de hidruro metálico. Esto permite eliminar el cadmio, que es muy caro y, además, representa un peligro para el medio ambiente. Asimismo, posee una mayor capacidad de carga (entre dos y tres veces más que la de una pila de NiCd del mismo tamaño y peso) y un menor efecto memoria.

Cada pila de Ni-MH puede proporcionar un voltaje de 1,2 voltios y una capacidad entre 0,8 y 2,9 amperio-hora. Su densidad de energía llega hasta los 100 W h/kg, y los ciclos de carga de estas pilas oscilan entre las 500 y 2000 cargas. Este tipo de baterías se encuentran menos afectadas por el llamado efecto memoria, en el que en cada recarga se limita el voltaje o la capacidad (a causa de un tiempo largo, una alta temperatura, o una corriente elevada), imposibilitando el uso de toda su energía.

Por el contrario, presentan una mayor tasa de autodescarga que las de NiCd (un 30% mensual frente a un 20%), lo cual relega a estas últimas a usos caracterizados por largos periodos entre consumos (como los mandos a distancia, las luces de emergencia, etc.), mientras que son desplazadas por las de NiMH para consumos continuos.

No obstante, en 2005 se desarrolló una variante de baja autodescarga (lowself-discharge, LSD) para estas pilas.

Las baterías LSD-NiMH presentan una tasa de autodescarga mucho menor, lo que permite almacenarlas durante largos períodos de tiempo sin dañar la batería por desuso y pudiendo utilizarse de forma inmediata cuando sea requerido.

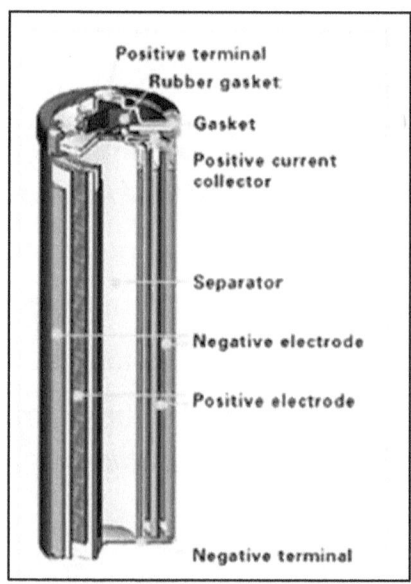

Batería de Níquel-Hidruro Metálico

-Baterías de Iones de litio (Li-ion): Las baterías de iones de litio deben su desarrollo a la telefonía móvil y su desarrollo es muy reciente. Su densidad energética asciende a unos 115 W h/kg, y no sufren el efecto memoria. Las baterías de iones de litio se usan en teléfonos móviles, ordenadores portátiles, reproductores de MP3 y cámaras, y probablemente alimentarán la siguiente generación de vehículos híbridos y eléctricos puros conectados a la red. A pesar de sus indudables ventajas, también presentan inconvenientes: sobre calentamiento, alto coste y, sobre todo, las reservas de litio, sujetas a una gran controversia. Baterías de polímero de litio: Es una tecnología similar a la de iones de litio, pero con una mayor densidad de energía, diseño ultraligero (muy útil para equipos ultraligeros) y una tasa de descarga superior. Entre sus desventajas está la alta inestabilidad de las baterías si se sobrecargan y si la descarga se produce por debajo de cierto voltaje.

Las baterías de iones de litio (Li-ion) utilizan un ánodo de grafito y un cátodo de óxido de cobalto, trifilina (LiFePO$_4$) u óxido de manganeso.

Su desarrollo es más reciente, y permite llegar a altas densidades de capacidad. No admiten descargas y sufren mucho cuando éstas suceden; por lo que suelen llevar acoplada circuitería adicional para conocer el estado de la batería, y evitar así tanto la carga excesiva como la descarga completa.

Ventajas

-Apenas sufren el efecto memoria y pueden cargarse sin necesidad de estar descargadas completamente, sin reducción de su vida útil;

-Altas densidades de capacidad.

Desventajas

-No admiten bien los cambios de temperatura;

-No admiten descargas completas y sufren mucho cuando éstas suceden.

Características

-Voltaje proporcionado:

-A plena carga: entre 4,2 V y 4,3 V dependiendo del fabricante;

-A carga nominal: entre 3,6 V y 3,7 V dependiendo del fabricante;

-A baja carga: entre 2,65 V y 2,75 V dependiendo del fabricante (este valor no es un límite, se recomienda);

-Densidad de energía: 115 W h/kg;

-Capacidad usual: 1,5 a 2,8 A (en pilas tipo AA);

-Efecto memoria: muy bajo.

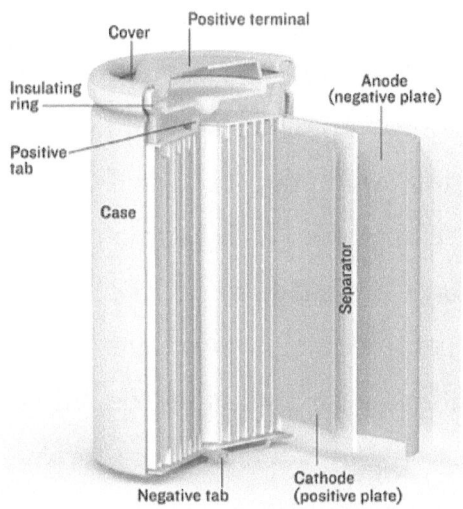

Batería de Iones de litio

-Baterías Zebra (NaNiCl): Una de las baterías recargables que más prometen son las conocidas como Zebra. Tienen una alta densidad energética, pero operan en un rango de temperaturas que va de 270°C a 350°C, lo que requiere un aislamiento. Son apropiadas en autobuses. En Stabio, en el sur del cantón del Tesino (Suiza), se está construyendo una fábrica para producir baterías en serie. Entre sus inconvenientes, además de la temperatura de trabajo, están las pérdidas térmicas cuando no se usa la batería. El automóvil eléctrico o Think City va equipado con baterías Zebra Na-NiCl de 17,5 Kw/h. La distancia que un vehículo eléctrico puede recorrer sin recargar la batería, en los modelos actuales o de próxima fabricación, va de 60 a 250 kilómetros. Hay que tener en cuenta que la mayor parte de los desplazamientos diarios son inferiores a los 60 km. Un vehículo eléctrico consume de 0,12 Kw/h a 0,30 Kw/h por kilómetro; para recorrer 100 kilómetros haría falta una batería con una capacidad de 12 Kw/h a 30 Kw/h, dependiendo del modelo. Aunque el mercado de los vehículos eléctricos está en sus inicios, ya se comercializan bicicletas eléctricas, motocicletas, automóviles, vehículos de reparto e incluso pequeños autobús es, como los que circulan en Madrid, Málaga, Segovia y otras ciudades. Entre 2010 y 2012 habrá una verdadera eclosión, pues la práctica totalidad de las empresas automovilísticas están desarrollando vehículos totalmente eléctricos o híbridos eléctricos con conexión a la red, como el Volt de General Motors. La generalización de las baterías recargables debe evitar los errores del pasado, y para ello se debe considerar todo el ciclo de vida del producto, desde la extracción de las materias primas al reciclaje o eliminación, pasando por la fabricación y la operación, evitando o minimizando en todas las fases la contaminación y el vertido, y muy especialmente de metales pesados. Las tasas actuales de reciclaje de baterías de vehículos alcanzan o superan el 90%, tasas mucho más elevadas que las pequeñas baterías empleadas en usos domésticos (menos del 10%), y que en gran parte acaban en los vertederos.

Dado que el litio es totalmente reciclable, cabe esperar que las tasas del 90% se mantengan e incluso aumenten ligeramente.

Características fundamentales de las baterías

-Capacidad: Se define como la cantidad de electricidad que puede entregar antes de que su tensión disminuya por debajo de un valor mínimo.

La capacidad, que se representa con el símbolo "C" y se expresa en "Ah" (amperios hora).

-Capacidad específica: Es la capacidad por unidad de peso o volumen de una batería.

-Energía específica: Es la energía que es capaz de almacenar dividida entre la masa (W h/kg) o el volumen (W h/l).

-Densidad de potencia: Es la potencia que puede suministrar una batería por unidad de volumen y se expresa en W /l (lo más usual) o en W/dm^3.

Si la potencia viene dada en función de la unidad de peso (W /Kg) lo que tenemos es la potencia específica.

-Densidad de energía: Es la energía que se puede extraer de una batería por unidad de volumen y se expresa en W h/l (lo más usual) o en Wh/dm^3.

Si la energía viene dada en función de la unidad de peso (Wh/Kg) lo que tenemos es la energía específica de la batería.

Tabla de características de las baterías

Tipo	Plomo (Pb)	Niquel-Cadmio (Ni-Cd)	Níquel-Hidruro (Ni-MH)	Iones de Litio (Li-ion)	Polímero de Litio (Li-Po)
Voltaje por Célula	2 V	1.2 V	1.2 V	3.7 V	3.7 V
Ah	7 – 960 Ah	0.5 – 1 Ah	0.5 – 10 Ah	.	.
Memoria	Medio	Muy Alto	Bajo	Inexistente	Inexistente
Potencia/Kilo	30 Wh/Kg	50 Wh/Kg	70 Wh/Kg	110-160 Wh/Kg	100-130 Wh/Kg
Sobrecarga	No soportado	Soportado	No recomendable	Soportado	Soportado
Descarga	No soportado	Necesaria	Recomendable	Fallo a -2.5 V	Fallo a -2.5 V
Nº de Recargas	1000 aprox.	500 aprox.	1000 aprox.	4000 aprox.	5000 aprox.
T de descarga/mes	5 %	30 %	20 %	6 %	6 %
Tiempo de carga	8 – 16 h	10 – 14 h	2 – 4 h	2 – 4 h	1 – 1.5 h

-Cargador AC/DC: Los vehículos eléctricos necesitan de carga externa para recargar sus baterías.

Por ello, cuenta con un cargador que es capaz de transformar la corriente alterna de un enchufe a corriente continua.

La carga de corriente depende de la tecnología y de la capacidad de la batería a cargar.

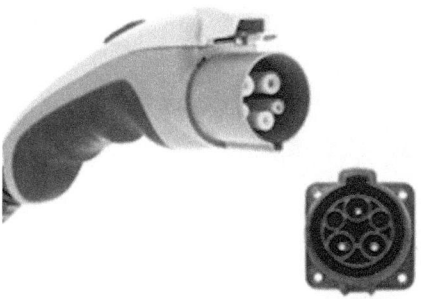

Cargador para vehículo eléctrico

-Controlador electrónico: Elemento fundamental, ya que éste determina la cantidad de energía que debe recibir el motor eléctrico de las baterías y viceversa (cuando el generador recarga las baterías) en función de diversos parámetros, como la posición del pedal de acelerador. Es el elemento intermedio entre las baterías y el motor eléctrico. Sería la ECU del vehículo eléctrico.

-Conversor DC/DC: Varía el voltaje de alta tensión a otro de baja tensión para la batería de 12V (similar a las que montan los vehículos convencionales) que se usa para los elementos auxiliares del vehículo.

-Inversor/convertidor: Convierte la corriente continua de las baterías en alterna para hacer funcionar el motor, y la corriente alterna del generador en continua para que pueda ser almacenada en las baterías. Debe de ir refrigerado, normalmente con agua.

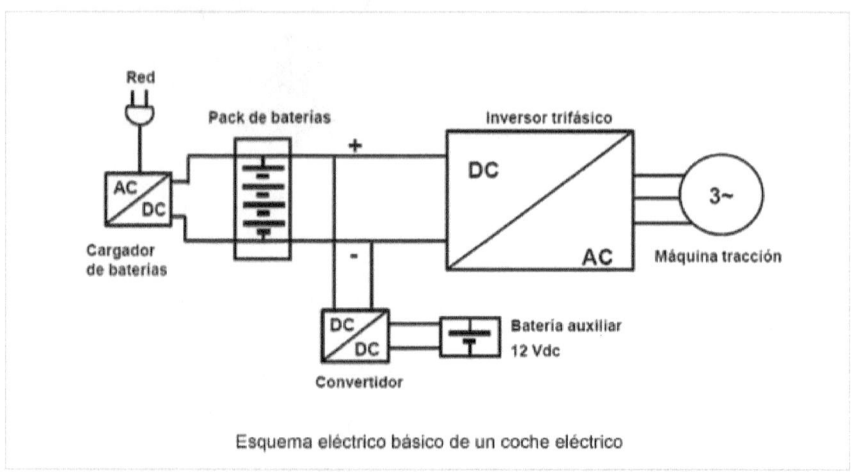

Detalle Convertidor / Inversor en circuito de un coche eléctrico

Tipos de vehículos eléctricos

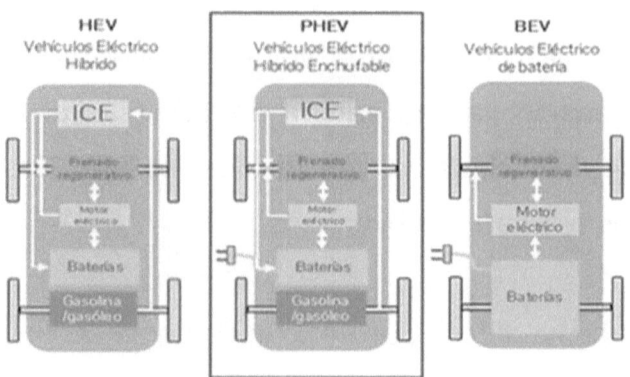

Tipología de vehículos eléctricos

Por orden cronológico de dicha evolución tecnológica, éstos se pueden clasificar en cuatro (4) grupos:

-Vehículo Híbrido (HEV). Combina el motor de combustión interna de un vehículo convencional con la batería y el motor eléctrico de un vehículo eléctrico. La combinación ofrece bajas emisiones con la potencia, alcance y conveniente abastecimiento de combustible de los vehículos convencionales. Para adquirir la energía que se almacena en la batería, motor está conectado a una unidad que proporciona potencia variable a las ruedas, dando mayor eficiencia operativa, el vehículo se carga durante el frenado. La energía eléctrica para el motor se genera a partir de frenado regenerativo y el motor de gasolina. Las ruedas están accionadas conjuntamente por el motor eléctrico y por el motor de gasolina.

Cuando el vehículo arranca, el motor de gasolina se calienta, si es necesario, el motor eléctrico actúa como un generador, que convierte la energía del motor en electricidad y la almacena en la batería. Durante la conducción el motor de gasolina mueve el vehículo y puede proporcionar potencia a la batería para su uso posterior. Cuando se requiere más aceleración o más potencia, el motor de gasolina y el motor eléctrico se utilizan conjuntamente. El frenado regenerativo convierte la energía de frenado (energía cinética) en electricidad y la almacena en la batería.

Cuando el vehículo se detiene, el motor de gasolina y el motor eléctrico se apagan automáticamente para evitar desperdicios y la batería continúa Suministrando energía a sistemas auxiliares como el aire acondicionado.

Según las necesidades el vehículo puede funcionar en modo solo eléctrico, solo en combustión o los dos simultáneamente. En funcionamiento solo eléctrico su autonomía es de, tan solo, unos 60 km.

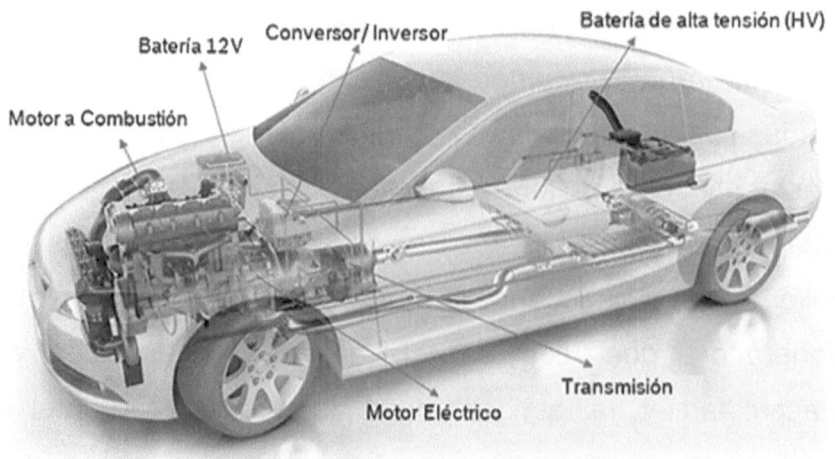

Esquema de un vehículo hibrido eléctrico

-Vehículo Híbrido Eléctrico Enchufable o plug in (PHEV) además de la generación de electricidad con el frenado tienen baterías que se cargan mediante la conexión a la red. Similar a los HEVs, usan el motor de gasolina como fuente principal de potencia y el motor eléctrico, sin embargo, las baterías recargables mediante conexión son más grandes. Cuando se arranca el vehículo, ¡la batería proporciona energía a todos los accesorios; sólo si está descargada o la energía almacenada no es suficiente, el motor de gasolina se enciende.

Si se necesita mayor potencia o en conducción bajo mayor velocidad y aceleración ambos motores funcionan conjuntamente.

Pueden conducirse por unas 40 millas usando solo el motor eléctrico cuando se conduce en baja velocidad y baja aceleración, y cuando esta energía se agota pueden seguirse conduciendo con el motor de gasolina, que, de manera similar a los vehículos híbridos, aunque en poca medida, recarga las baterías mientras se conduce y se frena.

Luego se puede obtener una carga completa mediante la conexión a la red eléctrica.

Estos vehículos tienen mayor eficiencia de combustible, alcanzando el doble de economía en el combustible pues la electricidad es más barata que los combustibles fósiles.

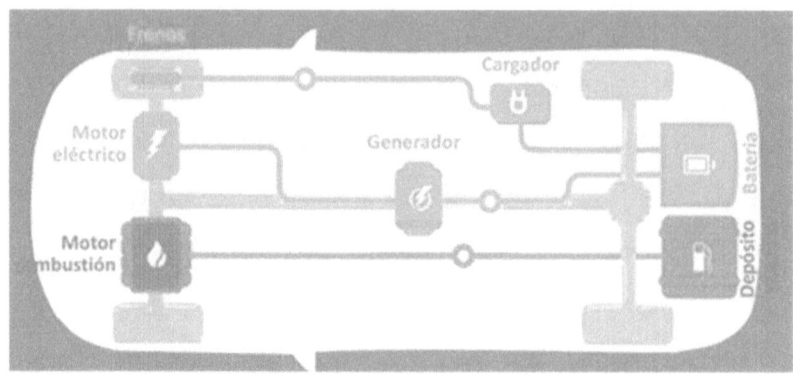
Esquema de un vehículo híbrido plug in (PHEV)

-Vehículo Eléctrico de Batería: Los vehículos puramente eléctricos (EV), utilizan la energía eléctrica para mover el motor del vehículo, la energía es almacenada en baterías u otro dispositivo, que son recargados mediante conexión a la red eléctrica a 110V o 240V o incluso a 480V. Son vehículos que requieren menos mantenimiento que los vehículos convencionales pues no requieren cambio de aceite o control de gases, solo requieren el reemplazo de la batería de acuerdo con su tiempo útil. No emiten gases, contribuyendo a aliviar el problema del calentamiento global, aunque la forma en que se genera la electricidad puede generar gases efecto invernadero. El principal obstáculo para el desarrollo de estos vehículos ha sido la batería, por el largo tiempo de recarga, el peso, la corta vida útil (3 a 4 años) y la baja autonomía, además los rendimientos de escala que sólo mejoran si se aumenta el número de usuarios.

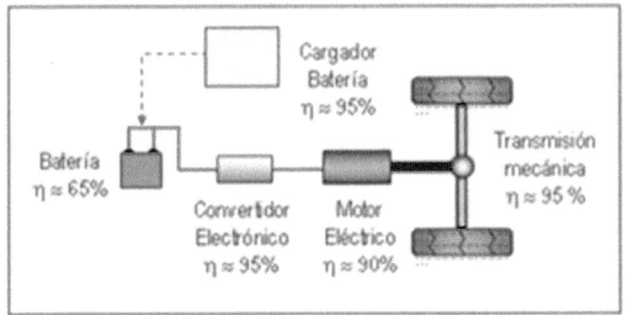

Esquema comparativo de un vehículo eléctrico
EV (rojo) con uno convencional (verde).

-Vehículo Eléctrico de Autonomía Extendida: Tiene las mismas características que el vehículo eléctrico de batería, pero lleva además otra fuente secundaria. Una que funciona como un generador interno para recargar las baterías, lo que permite aumentar la autonomía del vehículo.

Se trata de un pequeño motor auxiliar de combustión que recarga las baterías en el caso de que éstas se agoten y no se tenga donde recargarlas. Nada más. El motor de combustión no mueve el vehículo, sólo genera energía para recargar las baterías y así contar con una mayor autonomía para el motor eléctrico. Según los modelos, la anterior autonomía entre 80 y 200 Km se puede alargar con el motor de combustión, cargando las baterías, por encima de los 600 Km.

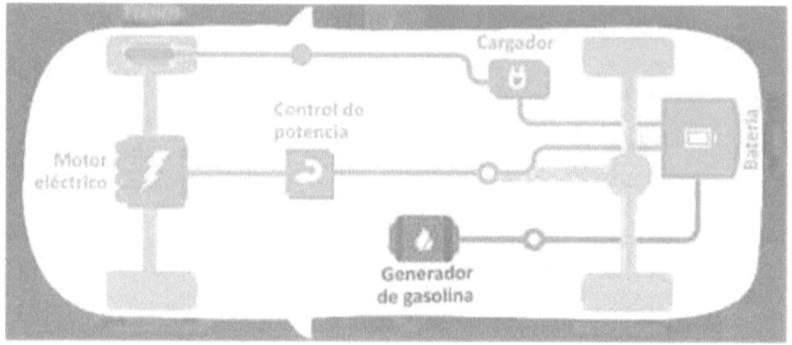

Esquema de un vehículo eléctrico de autonomía extendida.

Infraestructura de recarga

Como cualquier sistema de transporte, el vehículo eléctrico requiere de la existencia de una infraestructura que le permita tener acceso a la fuente de energía que alimenta su motor, en este caso, la electricidad.

Uno de los principales retos del vehículo eléctrico es crear una infraestructura de recarga fiable, accesible y cómoda para el ciudadano.

Una posible opción para catalogar los puntos de recarga es en función de su ubicación y uso.

En la actualidad hay varios tipos de recarga; desde los lentos, idóneos para recargar en casa, hasta los más rápidos, capaces de completar la carga en diez minutos:

-Carga lenta: Es la más estandarizada y todos los fabricantes de vehículos eléctricos la aceptan. Se suele realizar con corriente alterna monofásica a una tensión de 230 voltios (V) y una intensidad de hasta 16 amperios (A). El tiempo necesario para una recarga completa de la batería (tipo 24kW h) ronda entre las 6 y 8 horas. Es apto para garajes privados, ya que es la misma tensión y corriente que la doméstica.

-Carga semirápida: Sólo la aceptan algunos vehículos, aunque es previsible que en fechas próximas sea un tipo de recarga bastante común. La carga se realiza con corriente alterna trifásica, con una tensión de 400V y una intensidad de hasta 64A. En este caso, el tiempo de recarga se reduce a 3 ó 4 horas.

-Carga rápida: Concebida a más largo plazo por sus mayores complicaciones. Algunos fabricantes ya la admiten. Consiste en alimentar al vehículo con corriente continua a 400V y hasta 400A. El tiempo de recarga se reduce a unos 15 - 30 minutos.

-Intercambio de batería: Es una solución óptima para poder generalizar el uso de los vehículos eléctricos. No requiere tiempos de espera para recargas. Consiste en retirar la batería descargada y reemplazarla por otra batería completamente cargada. De esta manera la batería descargada se queda en la estación y se recarga para ser utilizada en otro vehículo.

Ventajas de los vehículos eléctricos

-Un motor eléctrico no quema combustibles durante su uso, por lo que no emite gases a la atmósfera.

-Un motor eléctrico producido en serie es más compacto, más barato y mucho más simple que un motor de combustión interna. No necesita circuito de refrigeración, ni aceite, ni demasiado mantenimiento.

-Prácticamente no hace ruido al funcionar y sus vibraciones son imperceptibles.

-Funciona a pleno rendimiento sin necesidad de variar su temperatura. Al no tener elementos oscilantes, no necesita volantes de inercia ni sujeciones espaciales que lo aíslen del resto del vehículo. Al generar poco calor y no sufrir vibraciones su duración puede ser muy elevada.

-Un motor eléctrico no necesita cambio de marchas, exceptuando un mecanismo para distinguir avance o retroceso, que bien puede ser la inversión de polaridad del propio motor.

-Teóricamente un motor eléctrico puede desarrollar un par máximo desde 0 rpm, por lo que hace posible arrancar desde cero con una velocidad máxima.

-Una vez que se elimina la caja de cambios y la refrigeración, se abre la posibilidad de descentralizar la generación de movimiento, situando un pequeño motor en cada rueda en lugar de uno "central" acoplado a una transmisión. Lo que puede suponer una nueva distribución del espacio del vehículo.

-En cuanto a la eficiencia del motor eléctrico, ésta se sitúa alrededor del 90%.

Por limitaciones termodinámicas un motor diésel se situaría en eficiencias de hasta un 40%, siendo este superior a la eficiencia de un motor de gasolina.

-Resulta sencillo recuperar la energía de las frenadas (o parte de ella) para recargar las baterías, porque un motor eléctrico puede ser también un generador eléctrico.

-Otra gran ventaja del vehículo eléctrico es su proceso reversible. Esto quiere decir que de igual manera que carga su batería a través de la red eléctrica, el vehículo puede aportar también energía a la red eléctrica, de manera reversible. Este hecho se conoce como Vehicle Grid.

Desventajas de los vehículos eléctricos

-La principal desventaja y la más importante es la autonomía que tiene el vehículo eléctrico sin conectarlo a la red. El hecho de que a los 100 o 120 kilómetros de viaje se tenga que recargar las baterías limita mucho a los usuarios. En cambio, con los motores de combustión el tiempo entre repostaje y repostaje es mucho más elevado. Aun así, las marcas de vehículos trabajan para aumentar la autonomía de sus modelos y cada vez nos encontramos modelos con más autonomía.

-Otro inconveniente relacionado con la autonomía del vehículo es el tiempo de repostaje, ya que se requieren de horas para realizar una carga completa.

-Además, las baterías eléctricas tienen fecha de caducidad, ya que se degeneran con el uso y empiezan a tener menor capacidad de carga.

-La necesidad de carga de los vehículos eléctricos hace que exista más demanda de electricidad proveniente de micro generadores o centrales eléctricas. A más demanda, más generación y más consumo de los recursos naturales.

Ayer y hoy del automóvil eléctrico

La historia del vehículo eléctrico a lo largo del último siglo es como una sucesión de oportunidades perdidas e intentos fallidos. Después de haber sentado las bases de la industria del automóvil en los primeros albores del siglo XIX, el vehículo eléctrico se dejó de lado en favor del vehículo con motor de combustión interna. Este tipo de motor era más efectivo y se fue arraigando cada vez más durante el siglo XX, participando en el incremento de popularidad entre la población en la industria del automóvil.

El vehículo eléctrico se ha visto apartado del mercado durante mucho tiempo, pero su credibilidad ha resurgido durante ciertos momentos puntuales de la historia, como pueden ser las diferentes guerras o la crisis del petróleo. Aun así, surge cada cierto tiempo gracias a sus innovaciones y sus promesas de movilidad sostenible. Nadie pasa por alto sus cualidades intrínsecas: tecnología simple, funcionamiento silencioso y robustez. Después de un siglo, parece que el vehículo eléctrico ha conseguido avanzar notablemente. Hoy en día estamos viviendo un resurgir del vehículo eléctrico sin precedentes. Su desarrollo se ha visto motivado por la escasez de recursos petrolíferos, por el calentamiento global, por las nuevas tecnologías y por el cambio en ciertas actitudes y posturas de la población. Es la primera vez que tanto los fabricantes como las autoridades de la gran mayoría de países están haciendo un gran esfuerzo para darle al vehículo eléctrico una nueva oportunidad. Con esto, se está escribiendo una nueva página de la historia.

El vehículo eléctrico no nació ayer. A finales del siglo XIX, los primeros vehículos motorizados usaban motores eléctricos.

Había que buscar una alternativa a los sistemas de tracción animal para los Hackney Cabs, los taxis oficiales de la época.

Dos nuevas tecnologías se enfrentaron en ese propósito: el motor eléctrico contra el motor térmico.

En 1877, un alemán llamado Nikolaus August Otto inventó el motor de combustión de cuatro tiempos mientras que, en 1859, Gastón Planté diseñaba las primeras baterías de plomo y ácido en Bélgica, pero no fue hasta 1881 cuando el francés Charles Jeantaud construyó el Tílburi, el que probablemente sea el primer vehículo eléctrico alimentado con baterías.

Sin embargo, tras recorrer sus primeros cien metros acabó consumido por las llamas.

Tuvo que pasar algo más de una década para poder ver por las calles motores eléctricos, dando lugar a los primeros servicios de los Hackney Cabs. Aparte de los modelos construidos a petición de ricos empresarios y fabricados de forma individual, el verdadero debut de los vehículos eléctricos fue en las flotas de taxis de Inglaterra con los conocidos Taxi-Cab, para extenderse posteriormente a Francia o Estados Unidos. En aquellos años, la solución ideal para este tipo de transporte pasaba por el motor eléctrico. Las cualidades que lo hacían mejor respecto al motor térmico siguen siendo las mismas que hoy en día: no emite ningún sonido en su funcionamiento, facilidad de uso y robustez.

Varios fabricantes competían en el mercado francés, como Charles Jeantaud, Louis Krieger o Charles Mildé, que ofrecían turismo y vehículos comerciales con motores eléctricos. Por otra parte, en 1899 el piloto belga Camille Jenatzy conseguía romper un récord de velocidad con su bólido eléctrico "La Jamáis Contente" (La que nunca está satisfecha), al superar los 100 km/h.

A pesar de un inicio alentador, el vehículo eléctrico no tardaría en enfrentarse a sus limitaciones tecnológicas: prestaciones limitadas, poca autonomía y tiempos de carga demasiado largos. Un vehículo eléctrico corriente no pasaba de los 20 km/h y tenía una autonomía limitada a 50 km. Unas limitaciones que favorecieron el desarrollo del motor térmico, en parte gracias también a los progresos conseguidos en su desarrollo por parte de Gottlieb Daimler en Alemania.

A principios del siglo XX, cuando el petróleo empezó a ser un producto más asequible, el motor de combustión empezó a tener éxito. De hecho, motivados por ese repentino éxito del motor de combustión, los fabricantes de vehículos eléctricos empezaron a cerrar sus fábricas o se pasaron directamente a la producción de motores térmicos.

Este cambio de planteamientos en los fabricantes n o respondía exclusivamente a una decisión de carácter tecnológico, sino también a una cuestión de actitud, según cuenta el historiador del mundo del automóvil Mathieu Flonneau: "Para ciertos sectores de la población el vehículo eléctrico carecía de virilidad. No era lo suficientemente potente, era demasiado silencioso y por encima de todo, era muy apreciado por las mujeres. En una sociedad machista como la de la época, el motor térmico con sus ruidos y sus escapes humeantes se veía como algo más impresionante y exclusivo. De hecho, su complejidad mecánica hacía que las mujeres quedarán excluidas en las tareas de reparación y convertía al motor de combustión en un objeto decididamente masculino."

A pesar de sus innegables cualidades, el vehículo eléctrico se vio condenado al ostracismo en Europa. En los Estados Unidos aún tuvo algunos años más de vida, ya que allí la tercera parte de los vehículos que rodaban en 1912 por las carreteras estatales eran eléctricos. Sin embargo, la llegada al mercado del Ford Modelo T en 1908 marcó un punto de inflexión y ese punto fue el principio del fin del vehículo eléctrico.

Aunque el vehículo eléctrico se mantuvo a la sombra del vehículo con motor térmico durante buena parte del siglo XX, su desarrollo permaneció activo y se le seguía tratando como una alternativa fiable cuyo potencial no se había desarrollado al máximo. "Su historia apenas había alcanzado sus primeras etapas, en las que ya había alcanzado acontecimientos importantes", destaca Mathieu Flonneau.

Por lo tanto, "el vehículo eléctrico aún podía sobrevivir y volvería a ser el centro de atención, sobre todo durante épocas difíciles.

Las guerras y las diferentes crisis del petróleo fueron buenas oportunidades para reanudar la investigación en la energía eléctrica".

El primer reflote de la investigación de las tecnologías eléctricas llegó en la década de 1920 en Francia, donde se había construido una importante red de abastecimiento eléctrico y las autoridades buscaban la forma de minimizar su dependencia del petróleo. Mientras que los tranvías, la red subterránea del metro y los trolebuses revolucionaban el transporte público, se empezó a replantear la estrategia de convertir los vehículos de la época a vehículos eléctricos.

En este contexto, se creó en 1925 la Société des Véhicules Electriques (Sociedad de Vehículos Eléctricos) y se empezaron a fabricar camiones y carros de carga con compañías especializadas en el sector como Sovel o Vetra, llegando a la producción de varios miles de vehículos. Con esto, se estableció en Europa y Estados Unidos un nuevo nicho de mercado en torno al vehículo comercial eléctrico.

En 1927 ya había alrededor de 6.000 camiones y furgonetas eléctricas en las carreteras del estado de Nueva York. Pese a todo, esta nueva tendencia no llegó al vehículo para particulares, que se mantenía con el motor de combustión interna.

Durante la Segunda Guerra Mundial llegó la escasez de petróleo a Francia y era necesario buscarle un sustituto. Una vez más se pensó en la electricidad como una fuente de energía para los vehículos. Fue una época de economías provisionales y de transformación de los vehículos existentes. Varios fabricantes de primer orden estuvieron experimentados con estos factores: Renault con Renault Juvaquatre, Peugeot con el Peugeot 202 y Mildé-Krieger con La Licorne. Probablemente, el modelo que más prosperó fue el C.G.E. Tudor, desarrollado por el ingeniero Jean-Albert Grégoire. Se construyeron alrededor de 200 unidades y tenía una autonomía de unos 100 km. Durante la ocupación de Francia se vivió la aparición de los primeros utilitarios eléctricos, en particular los construidos por Jean-Pierre Faure. Sin embargo, los problemas de suministro de ciertos materiales necesarios para la construcción de las baterías, como el cobre o el plomo y el decreto de 1942 que prohibía la electrificación de vehículos eliminaron incentivos para las investigaciones y el desarrollo del vehículo eléctrico. Durante este periodo se siguió investigando y desarrollando el vehículo eléctrico para volver a empezar de nuevo.

Durante la época dorada de Francia (1944 a 1975), los vehículos para particulares se convirtieron en un producto de consumo masivo. El progreso de la industria del automóvil tuvo un gran auge en la sociedad, todo volvía a si era posible, incluso el vehículo eléctrico. La energía nuclear y las células de combustible devolvieron la esperanza a los investigadores e inspiraron prototipos tan futuristas como el Simca Fulgur o el Ford Nucleón.

Pero este periodo tan efervescente también suscitaba temores. "La imagen del vehículo comenzó a cambiar en la conciencia colectiva. Durante muchos años fue un símbolo de libertad y poder, pero empezó a asociarse frecuentemente con palabras como peligroso, contaminante y violento", señala el historiador Pascal Griset en su libro "L'Odyssée du transport ectrique" (La Odisea del transporte eléctrico). La urbanización de ciudades favoreciendo el uso del vehículo particular y los primeros atascos llevaron a reconsiderar el modelo de desarrollo del automóvil.

Los fabricantes volvieron a investigar las virtudes de la energía eléctrica, que siempre había sido reconocida por sus cualidades en un entorno urbano. Renault desarrolló en 1959 en Estados Unidos un Renault Dauphine eléctrico al que llamó Henney Kilowatt; esta misma iniciativa se desarrolló en Italia donde Fiat construyó un prototipo eléctrico basado en el Fiat 1100. Unos años más tarde, los utilitarios eléctricos se pusieron de moda, sobre todo gracias a los prototipos Ford Comuta y Ford Berliner y por supuesto, gracias a las primeras scooter eléctricas.

Estos prototipos se construyeron en pequeñas cantidades, pero consiguieron ser el emblema de un momento en el que se buscaban nuevos puntos de referencia. "El modelo de vehículo masculino empezaba a desintegrarse. En una sociedad en la que el vehículo empezaba a cuestionarse, el vehículo eléctrico de nuevo empezaba a ganar credibilidad. Con esto se presentó una nueva oportunidad para la industria del automóvil, la posibilidad de avanzar en un comportamiento ejemplar".

Esta tendencia se aceleró notablemente con la primera crisis del petróleo en 1973, despertando en la conciencia colectiva el riesgo de depender del petróleo. Otra vez, la necesidad de buscar soluciones alternativas se convirtió en una prioridad en los Estados Unidos. Alrededor del mundo se crearon organizaciones como la Electric Vehicle Council en Estados Unidos, la Tokyo Electric Power Co. en Japón, The Electricity Council en Inglaterra y la Rheinisch Westfälische Elektrizi tätswerk en Alemania. En Francia, la distribuidora eléctrica Électricité de France empezó a trabajar con PSA y Renault con el fin de crear condiciones favorables para el desarrollo del vehículo eléctrico, principalmente en una red de punto de recarga.

En 1974, la compañía americana Sebring-Vanguard empezó la producción en serie del primer vehículo eléctrico producido en masa, el CitiCar, un pequeño utilitario del que se produjeron unas 2.000 unidades hasta 1977. En 1980, Peugeot y Renault contaban con dos modelos con variante eléctrica, el Peugeot 205 y el Renault Express, equipados con baterías de níquel-hierro, con una autonomía que rondaba los 140 kilómetros y una velocidad máxima de 100 km/h. Toyota apostó por las baterías de zinc-bromo para su prototipo Toyota EV-30 mientras que Mercedes-Benz experimentaba con baterías de sal fundida y baterías de sulfuro de sodio.

En 1995, esta nueva dinámica llevó a la alianza Peugeot-Citroën a desarrollar a un proyecto de gran escala con la producción y venta de dos modelos 100% eléctricos, el Peugeot 106 y el Citroën Saxo. Desafortunadamente, no tuvieron éxito alguno, ya que sólo se vendieron 10.000 unidades hasta 2002, una cifra muy por debajo de las previsiones, cifradas en 1.000.000 de unidades vendidas durante ese mismo periodo. Durante el mismo periodo, Renault construyó varias unidades del Renault Clío y varios centenares de la Renault Kangoo con motor eléctrico.

Pero ambos fabricantes tuvieron los mismos problemas, las baterías de níquel-cadmio (Ni-Cd) tenían una autonomía limitada a 60/80 kilómetros. Renault también vendió una versión de la Renault Kangoo denominada Elect'Road, una versión eléctrica de rango extendido, que contaba con un pequeño motor térmico que hacía las veces de generador eléctrico. A pesar de todo, estos modelos no tuvieron ningún éxito comercial.

En los Estados Unidos el vehículo eléctrico también experimentó un tremendo fracaso cuando General Motors abandonó el desarrollo del GM EV1, que se suponía que debería haber revolucionado el mercado americano.

Indudablemente, el vehículo eléctrico luchaba por salir a flote durante una época poco propicia, finales de 1990, una época marcada por una notable caída en los precios del petróleo, lo que motivaba una menor atención por parte del público en general y la presión gubernamental en la búsqueda de soluciones alternativas se reducía notablemente.

Fechas significativas en la historia del vehículo eléctrico
-El francés Gastón Planté inventa las baterías recargables de plomo y ácido en 1859. En 1881 Camille Faure las perfeccionó.

-El ingeniero francés Charles Jeantaud construyó el Tilbury en 1881, uno de los primeros vehículos eléctricos. Funcionaba con alrededor de 20 componentes distintos, pero se prendió fuego a escasos cien metros del taller durante la primera prueba.

-En 1894 se citaba al Electrobat como uno de los primeros vehículos eléctricos viables. Este vehículo lo diseñaron el ingeniero Henry G. Morris y el químico Perdo G. Salomón en Philadelphia en 1895.

-En 1897 la compañía London Electric Cab ofrecía por primera vez un servicio de taxi con vehículos eléctricos. Estos rudimentarios vehículos, diseñados por W alter Bersey, estaban pensados para la clase alta de la sociedad acostumbrada a los carruajes de caballos.

-El 1 de mayo de 1899 Camille Jenatzy estableció en Bélgica un récord mundial de velocidad con el prototipo "La Jamáis Contente" (La que nunca está satisfecha.

-En 1911 la Detroit Electric Company empezó la producción de vehículos eléctricos con cierto éxito. Hasta 1916, se vendieron varios millares de unidades.

-George Levy fundaba en 1925 la Société des Véhicules Electriques (Sociedad de Vehículos Eléctricos). Bajo las marcas Sovel y Vetra la compañía fabricó en Francia cientos de vehículos comerciales eléctricos anualmente.

-En 1940 el artista Paul Arzens presentaba su Œuf (Huevo), un pequeño vehículo eléctrico hecho completamente de aluminio con un diseño futurista para la época.

-Durante la ocupación francesa, en 1941, el CGE Tudor de Jean Albert Grégoire estableció un nuevo récord de velocidad al recorrer la distancia que separa París y Tours a una velocidad media de 42 km/h. Esta distancia es de unos 250 km y lo hizo con una sola carga.

-En 1941 se presentó el Peugeot VLV (Voiture Légère de Ville, vehículo Urbano Ligero), Hasta 1945 se vendieron 337 unidades.

-En 1947, con el fin de hacer frente a la escasez de recursos, Nissan y la Tokyo Electric Cars Company desarrollaron en Japón la furgoneta eléctric a Tama Electric.

-Renault desarrolló el Henney Kilowatt en 1959 en colaboración con la compañía americana Eureka Williams. Basado en el Renault Dauphine, fue uno de los primeros vehículos eléctricos modernos. Se quedó en la fase de prototipo al ser demasiado caro de producir en serie.

-En 1967 el diminuto Ford Comuta (apenas 2,03 metros de largo) relanzaba el vehículo eléctrico en Estados Unidos como una solución viable para el tráfico en la ciudad. Tenía capacidad para transportar dos adultos y dos niños.

-Después de la crisis del petróleo de 1974, la compañía Sebring-Vanguard, con sede en Florida, empezó la producción del que se considera el primer vehículo eléctrico producido en masa, el CitiCar, Se construyeron alrededor de 2.000 unidades entre 1974 y 1977.

-En 1984 Peugeot desarrolló un prototipo del Peugeot 205 eléctrico.

-Como parte del programa VOLTA 4, Renault desarrolló en 1984 un vehículo comercial eléctrico denominado Renault Máster.

-Gracias al apoyo del estado de California, General Motors empezó en 1990 un ambicioso programa de desarrollo del vehículo eléctrico basado en el prototipo GM Impact, presentado ese mismo año en Los Ángeles Auto Show. Este proyecto llevó a cabo la producción de alrededor de 1.000 unidades entre 1996 y 1998 del vehículo eléctrico General Motors EV1. En 1998 el proyecto se abandonó.

-Renault presentaba en 1991 durante el Frankfurt Motor Show el prototipo Renault Elektro-Clio.

-El grupo PSA empezó la comercialización de los Peugeot 106 y Citroën Saxo eléctricos. Hasta 2002, se vendieron únicamente 10.000 unidades, muy por debajo de las previsiones, que se cifraban en 1.000.000 unidades vendidas en el mismo periodo.

-Tras varios años de pruebas, el grupo INRIA implementaba en 1997 su proyecto de desarrollo sostenible, la primera flota de vehículos eléctricos de alquiler en Sain-Quentin-en-Yvelines. Alrededor de 50 vehículos eléctricos (todos ellos Renault Clío) estaban disponibles para los clientes.

-Toyota lanza en 1997 la primera generación del Toyota Prius, el primer vehículo híbrido de producción en serie.

-Renault comercializa en 2003 la Renault Kangoo Elec'Road, una versión híbrida de su furgoneta.

-En 2005 Tesla Motors lanza al mercado el Tesla Roadster, el primer deportivo eléctrico y equipado con baterías de ion-litio.

-En 2006 Bollaré desarrolla la primera generación del BlueCar, un pequeño utilitario eléctrico equipado con baterías de ion-litio polímero.

-En el Frankfurt Motor Show de 2009 Renault presenta su programa de vehículos eléctricos, compuesto por el

Renault Fluenze Z.E., el Renault Kangoo Z.E., el Renault ZOE y el Renault Twizy.

-En 2010 el grupo PSA lanza al mercado sus dos modelos eléctricos, el Citroën C-Zero y el Peugeot iOn.

Por otra parte, BMW electrifica al MINI con un motor eléctrico de 204 CV y una autonomía de 200 km, mientras que Nissan presenta el Nissan Leaf, votado vehículo del Año en Europa en 2011.

Automóvil Eléctrico *Ing. Miguel D'Addario*

Fotografías de ayer y hoy del automóvil eléctrico

Automóvil Eléctrico Ing. Miguel D'Addario

Tecnología eléctrica de los primeros coches eléctricos

Fecha	Nombre	Característica
1881	Tílbury	Estaba equipado con 21 baterías que hacían funcionar el motor
1894-1897	Electrobat	Tenía Llantas de acero para soportar el peso de la batería de plomo, con dos motores de 1,5 CV alcanzaba una velocidad máxima de 30 Km/h. Recorrerían 40 km con cada carga de batería. Peso de las baterías de plomo y acido: +700Kg y, su peso neto era superior a las dos toneladas.
1899	La Jamáis Contente	Tenía carrocería de aleación ligera de aluminio, tungsteno y magnesio, capaz de superar 100 kilómetros por hora. Estaba equipado con 2 motores eléctricos "Postel–Vinay" que giraban a 900 rpm en la parte posterior, que rendían una potencia de 67 caballos. Los motores actuaban directamente sobre las ruedas traseras motrices, las cuales equipaban neumáticos Michelin. Alimentados con baterías Fulmen y el peso del vehículo pasaba de una tonelada.
1940	Œuf (Huevo	Este pesaba unos 350 kilos, tenía una velocidad máxima de 70 km/h y una autonomía que rondaba los 100 km.
1941	Peugeot VLV	Usaba cuatro baterías de 12 voltios que le garantizaban una autonomía de 80 km. Su velocidad máxima no superaba los 30 km/h el cargador, permitía recargar las baterías en cualquier enchufe disponible.

Año	Modelo	Descripción
1947	Tama Electric	Tenía baterías de plomo y ácido intercambiables tenía una autonomía de 65 kilómetros y una velocidad máxima de 35 km/h.
1959	Henney Kilowatt	Primer automóvil eléctrico regulado por transistores equipado con 18 baterías de 2V, se anunciaba que tenía una velocidad máxima de 60 km/h
1967	Diminito Ford Comuta	Contaba con cuatro baterías de 12V que le aportaban una autonomía de 60 km a 40 km/h, aunque su velocidad máxima era de 59 km.
1974	CitiCar	Equipado con ocho baterías de plomo y ácido de 6v que tenía una autonomía de 60 km y una velocidad máxima de 50 km/h. 3 modelos: Los primeros coupés, SV-36, tenían un paquete de baterías de 2.5 HP motor y 36v. El segundo coupé, SV-48, tenían un motor y batería de 48v Pack 3.5 HP, el tercero tenía un tren de transmisión mejorado con un motor de 6 HP.
1984	Peugeot 205	Equipado con baterías de níquel-hierro y tenía una autonomía de 140 km. Su velocidad máxima era de 100 km/h.
1984	Renault Master.	Estaba equipado con baterías de níquel-hierro y tenía una autonomía de 120 km. Su velocidad máxima era de 80 km/h y tenía una capacidad de carga de hasta 1.000 kg.
1991	Renault Elektro-Clío.	Tenía un motor de 1,2 litros, árbol de levas, 4 unidad de cilindros que producían 55 CV (56 CV / 41 kW) de potencia a 6.000 rpm y un par máximo de 84 Nm (62 lb ft / 8,6 kg) a 3500 rpm. Se dice que es capaz de alcanzar una velocidad de 150 km/h (93 mph).

Automóviles eléctricos en la actualidad

Los vehículos eléctricos están comenzando a ganar peso en la industria del automóvil, dada sus claras ventajas frente a los vehículos de combustible tradicionales en cuanto a ahorro en consumo, respeto al medio ambiente, y otro tipo de razones. A pesar de esto, el sector de los vehículos eléctricos todavía no es lo suficientemente importante. En parte es porque los gobiernos y las propias marcas no se han centrado en vender lo suficiente el producto para que el comprador quiera adquirirlo. Sin embargo, esta tecnología pretende cambiar el sistema de transporte tanto público como privado por medio del concepto de movilidad sostenible, alrededor del cual existe una amplia gama de conceptos que deben tenerse en cuenta.

Evolución de las baterías para vehículos eléctricos
Los vehículos eléctricos podrían parecer un lujo que no todas las personas se pueden permitir, pero un nuevo análisis sugiere que podrían estar cerca de competir con los vehículos de gasolina (o incluso superarlos) en cuanto a precio.

El verdadero coste de las baterías de ion-litio en los vehículos eléctricos es un secreto muy bien guardado por los fabricantes y las estimaciones de los costos varían mucho, por lo que es difícil determinar hasta cuánto tienen que bajar antes de que los vehículos eléctricos de gran alcance puedan ser asequibles para la mayoría de los compradores. Sin embargo, un estudio revisado por expertos de más de 80 estimaciones reportadas entre 2007 y 2014 determinó que los costos de los paquetes de baterías son "mucho menores" de lo que generalmente asumen los analistas de política energética.

Los autores del nuevo estudio llegaron a la conclusión de que los paquetes de baterías usados por los principales fabricantes de vehículos eléctricos en el mercado, como Tesla y Nissan, costaban en 2014 hasta 300 dólares (273 euros) por kilovatio-hora de energía. Esta cifra es más baja que las proyecciones publicadas más optimistas para el año 2015, y está incluso por debajo de la proyección media publicada para el año 2020. Los autores encontraron que las baterías podrían alcanzar los 230 dólares (210 euros) por kilovatio-hora en 2018.

Si fuera verdad, esto haría que los vehículos eléctricos superaran un umbral significativo. En función del precio de la gasolina, se espera que el precio de venta de un vehículo eléctrico atraiga a muchas más personas si sus costes de batería son entre 125 y 300 dólares (114 y 273 euros) por kilovatio-hora. Puesto que la batería constituye quizá entre una cuarta parte y la mitad del coste del vehículo, una batería sustancialmente más barata haría que el propio vehículo fuera significativamente más barato. Además, los fabricantes de automóviles podrían mantener los precios actuales, pero ofrecer vehículos eléctricos con mucho más alcance.

El alcance será probablemente algo crucial para muchos compradores puesto que resulta mucho más barato "llenar" un vehículo eléctrico con electricidad. Cargar un vehículo con un alcance 480 kilómetros podría costar menos de nueve euros. Dada la disparidad de precios de la gasolina y la electricidad, los autores del estudio, Björn Nyquist y Måns Nilsson, becarios de investigación en el Instituto Ambiental de Estocolmo (Suecia), aseguran que si las baterías bajan hasta los 137 euros por kilovatio-hora podrían llevar a "un potencial cambio de paradigma en la tecnología de los vehículos".

El análisis sugiere que el coste de los paquetes usados por los principales fabricantes de vehículos eléctricos está bajando alrededor del 8% al año. Aunque Nykvist reconoce que "hay grandes incertidumbres", señala que es realista pensar que este ritmo de bajada podría continuar en los próximos años, gracias a las economías de escala que se crearían si grandes fabricantes como Nissan y Tesla siguieran con sus planes para aumentar enormemente la producción. La velocidad a la que parece estar cayendo el coste es similar a la tasa que se observó con la tecnología de las baterías de hidruro metálico de níquel utilizadas en híbridos como el Toyota Prius, afirma.

Nykvist y Nilsson se basaron en estimaciones de varias fuentes: Declaraciones públicas de fabricantes de vehículos eléctricos, publicaciones revisadas por expertos, informes de noticias (incluyendo MIT Technology Review), y la llamada literatura gris, o trabajos de investigación publicados por gobiernos, empresas y académicos.

El analista de energía de la Agencia Internacional de Energía, Luis Munuera, junto a un analista de política de transporte en la misma agencia, Pier Paolo Cazzola, advierten en un mail a MIT deben tomarse con cuidado", ya que las cifras de costes de batería de fuentes dispares no suelen poderse comparar directamente. Además, señalan que no está claro en qué grado se pueden extrapolar hacia el futuro las tendencias de reducción de costes de las tecnologías de energía. Aun así, admiten que "hemos visto que ciertas cosas han sucedido más rápido de lo esperado dentro de la tecnología de baterías de ion-litio".

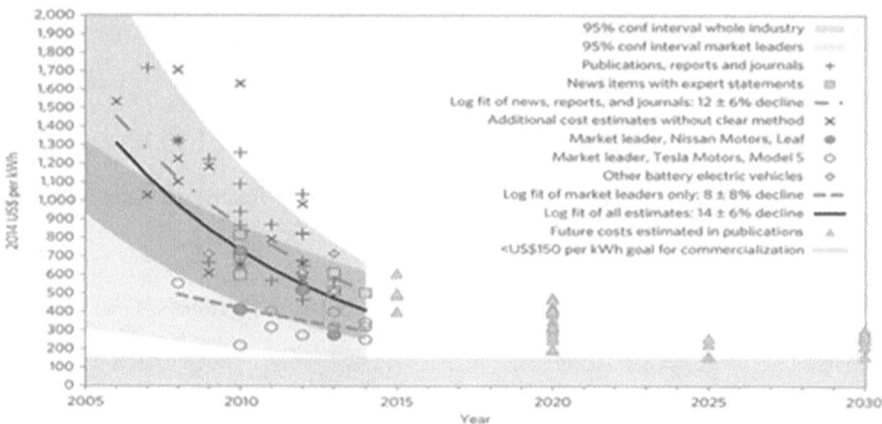

Evolución del precio de las baterías

En torno a la implantación masiva del vehículo eléctrico como alternativa real a la movilidad a menudo se mueven argumentos en contra. Su escasa autonomía y lenta recarga, capacidad de la red eléctrica para asumir picos masivos de carga, precio, etc.

¿Son los vehículos eléctricos realmente menos contaminantes que los vehículos que se mueven con petróleo? Si al calcular el impacto ambiental de cada vehículo producido, tenemos en cuenta el impacto ambiental del proceso de fabricación, es decir un "análisis de ciclo de vida", tenemos como resultado algo que no es tan evidente para una parte de la sociedad: que las emisiones que produce un vehículo no son solo los gases que salen por el escape. Un estudio de la universidad de Trondheim, alerta sobre los posibles riesgos medioambientales de la producción masiva de vehículos eléctricos, y da algunos datos muy reveladores.

El vehículo con motor de combustión interna contamina de forma directa a través de su tubo de escape mientras que el vehículo eléctrico no contamina su entorno inmediato. Al entrar a analizar en detalle las particularidades de estas afirmaciones es donde se encuentran resultados curiosos. El primer dato destacable es que la mayor parte de las emisiones del ciclo de vida de ambos vehículos corresponden a la fase de uso. Es decir, cuando más contamina el vehículo de combustión interna o el eléctrico es cuando lo usamos. Esto que es muy evidente en el caso de los vehículos de gasolina y diésel; quizá no sea tan evidente, en el caso de los eléctricos. De manera que mientras nos movemos en silencio, sin malos olores ni nubes de gases en nuestro vehículo impulsado por electricidad, los kilovatios que lo mueven han contaminado en algún lugar del planeta. Por ello, por ejemplo, en Estados Unidos la Agencia de Protección Medioambiental les atribuye emisiones de CO_2 a los vehículos eléctricos dentro de su etiquetado energético.

Entre el 50 y el 70% de las emisiones contaminantes de un vehículo eléctrico se producen durante su fase de uso. Dicho de otra manera, por mucho que el vehículo no emita gases por un tubo de escape, durante dos tercios de su ciclo de vida el vehículo eléctrico será tan limpio como los sea el medio con el que se ha generado la electricidad que lo mueve, y en ese caso las variaciones en función del medio por el que se ha obtenido esa electricidad son enormes.

Así, según el estudio, la energía necesaria para recorrer un kilómetro puede causar hasta 3,5 veces más emisiones si se ha generado mediante carbón que si ha sido mediante aerogeneradores.

Dicho de otro modo, mientras que, en un ciclo de uso de 150.000 km, de un vehículo eléctrico movido por el mix energético medio en la Unión Europea reduce en torno a un 24% las emisiones de una gasolina y un 14% las de un diésel, si esa electricidad se obtiene exclusivamente mediante el carbón, el mismo vehículo contaminará entre un 17% y un 27% más que las variantes gasolina y diésel.

Minerales contaminantes y tóxicos

El estudio de Trondheim pone un especial acento en el proceso de fabricación de los vehículos eléctricos, y concretamente de sus baterías. Y no tanto en las emisiones de CO_2 que este proceso genera, sino en el uso de minerales altamente contaminantes en grandes cantidades, y los efectos que puede tener la manipulación de tales materiales a escala mundial. El estudio concluye que la fabricación de la batería de los eléctricos (que para el estudio se planteó en dos variantes posibles, de Níquel – Litio o Litio – Fosfato de Hierro) es responsable, en algunos casos, de casi la mitad de las emisiones globales del ciclo de vida del vehículo.

Precisamente la fabricación y posterior reciclado de las baterías es uno de los aspectos más sensibles a la hora de analizar el impacto medioambiental de una implantación masiva de los vehículos eléctricos, y en eso pone el acento especialmente este estudio. El escenario de una próxima popularización de los vehículos eléctricos nos pone también ante la necesidad de un nuevo patrón por el que medir las emisiones contaminantes producidas por el transporte teniendo en cuenta sus ciclos de vida. En este caso, se trata de pasar de medir la contaminación en Kg de CO_2 emitidos, a tener en cuenta la proyección de partículas de metales altamente tóxicos a la atmósfera, y de amenazas concretas como la acidificación de las tierras o la contaminación de acuíferos.

La incorporación de minerales como el Litio, Níquel o Cobre a la fabricación del vehículo eléctrico y sus componentes hacen que tales amenazas sobre los acuíferos y las tierras se multipliquen. Según afirma el estudio, las emisiones tóxicas del proceso de fabricación de los eléctricos se incrementan respecto a los motores de combustión interna entre un 180% y un 290% en función del tipo de batería con que se fabrique el eléctrico. Otros indicadores, como los de la emisión de metales se multiplican por tres respecto a las producidas en el proceso de fabricación de los vehículos de combustión interna. En cambio, las emisiones y amenazas del proceso de destrucción y reciclaje apenas resultan destacadas dentro del análisis global de la eficiencia y emisiones de ciclo de vida de los vehículos.

La energía empleada para fabricar masivamente los vehículos eléctricos y los materiales necesarios para producir las baterías, pueden contribuir hasta el doble en el calentamiento global en comparación con los carros convencionales. Pero una única conclusión sería imprecisa, porque la misma investigación plantea que los resultados varían dependiendo del país y la manera en que cada uno genera su energía.

En China, por ejemplo, donde dos tercios de la energía eléctrica se producen a base de carbón –que es la forma más contaminante–, las ventajas de los autos eléctricos son radicalmente más bajas que un país como Noruega, la sexta productora de energía hidroeléctrica del mundo, una de las más limpias. ¡Mientras este estudio encontró que en el país asiático los autos eléctricos eran "mucho más contaminantes" que los convencionales; en la nación europea los eléctricos presentaron un menor impacto ambiental que aquellos que funcionan con gasolina.

Gillaume Majeau-Bettez, uno de los autores de una investigación acerca del tema de contaminación ambiental proveniente de vehículos eléctricos, le explicó a BBC que "el auto eléctrico tiene un gran potencial para mejorar, pero lo que al final lo conducirá al éxito o al fracaso des de un punto de vista ambiental es cuán limpia es nuestra red eléctrica, tanto para la electricidad que usas para conducir tu auto como para la que se usa para producirlo".

Así como esta investigación cuestiona la real contribución de los carros eléctricos al cuidado del ambiente, hay otras reconocidas publicaciones que arrojan resultados contundentes en favor de esta tecnología.

Manuel Felipe Olivera, director regional para América Latina del C40 (red global que trabaja con iniciativas para mitigar los efectos del cambio climático), cita un estudio de la revista Scientific American en el que se compara el costo energético de diferentes medios de transporte. Los resultados: los vehículos de energía eléctrica tienen una eficiencia cercana al doble con respecto a los que se mueven con gasolina y cercana al triple en comparación con los que utilizan etanol.

En Bogotá uno de los principales puntos del plan de Gobierno del alcalde Gustavo Petro es la adaptación de la ciudad frente al cambio climático. Susana Muhamad, secretaria Distrital de Ambiente, explica que el 40% del material particulado que se produce en Bogotá –el contaminante que genera más enfermedades respiratorias agudas– es producido por el transporte público, y el panorama es más preocupante si se tiene en cuenta que esos vehículos representan sólo 1,5% del total de carros que se movilizan en la ciudad.

Sobre los cuestionamientos a los automóviles eléctricos, Muhamad sostiene que es necesario evaluar la realidad de cada país. "Por lo menos el 75% de nuestra energía es hidroeléctrica. El porcentaje de carbono en nuestra energía es de los más bajos del mundo. Sería un desperdicio que no lo aprovecháramos", asegura. Muhamad señala además que si se hace el análisis del ciclo de vida del carbono de estos autos (que va desde la extracción de los materiales para su fabricación, hasta la producción, el transporte al lugar donde va a funcionar y la operación del vehículo), el balance sería más que positivo. "El cambio tecnológico está justificado en las condiciones específicas de Bogotá".

Un aspecto fundamental de cara a evaluar el valor ecológico de los vehículos eléctricos radica en el origen de la electricidad que consuma. No será una solución realmente ecológica si la electricidad que usan los vehículos se obtiene de centrales que queman combustibles fósiles tales como el carbón, el petróleo o el gas. En ese caso lo que se estaría haciendo es trasladar las emisiones de CO_2 y de otros contaminantes de las ciudades y carreteras a las centrales de producción eléctrica. Hay que admitir que este panorama presenta alguna ventaja como la de que se trataría de un foco de contaminación localizada frente a la dispersión de los millones de tubos de escapes de los vehículos. Esta concentración permitiría algunos tratamientos como la aplicación de los sistemas de secuestro de carbono, sin embargo, no sería una auténtica solución al problema.

Si por el contrario el origen de la electricidad es renovable (Ya sea solar, eólica, hidráulica de preferencia minihidráulica, bioenergía, etc.) entonces si se pudiera hablar de vehículos realmente ecológicos.

De hecho, algunas opiniones encuentran en la relación vehículo eléctrico-energías renovables actualmente más difundidas una magnifica complementación. Esto s e debe a que algunas de las energías renovables que actualmente están más desarrolladas, en concreto (el sol y sobre todo la eólica) son aleatorias y están disponibles en solo en momentos determinados de manera intermitente tanto si se necesitan como si no. Es decir, son fuentes que no se pueden controlar en función de la demanda como si se puede hacer con las fuentes de origen fósil o con otras renovables como la biomasa, hidráulica o termo solar.

Tecnologías de vehículos eléctricos con miras a su impacto en el sistema eléctrico

-Vehículo eléctrico de baterías (BEV)

El BEV impacta a la red eléctrica puesto que la energía de las baterías es recargada de la red. De esta manera, la red debe ser capaz de suministrar la energía y potencia demandada de todos los BEV existentes en el mercado.

La tendencia apunta a que los BEV realizarán su recarga de energía principalmente durante la noche, que es el horario menos probable de uso del vehículo. Lo anterior implica que el consumo de energía de la noche tendería a subir y de esta manera equipararlo con el consumo del día. Esto permite una mejor utilización de la red eléctrica, sobre todo en sistemas eléctricos con clara variación de demanda de energía y potencia como es el Sistema Interconectado Central (SIC) en Chile. Sin embargo, impone importantes desafíos:

-La red de distribución debe ser capaz de abastecer la demanda de energía a través de la disposición de conexiones eléctricas apropiadas para la tensión de trabajo de los BEV. Idealmente los BEV serán recargados por los usuarios en sus propias casas, lo que implica que en ese caso el problema está resuelto al poseer conexión eléctrica con las características eléctricas apropiadas para el vehículo (tensión, frecuencia, etc.). En caso de edificios nuevos, éstos deberán incorporar en sus estacionamientos las conexiones apropiadas para abastecer a los BEV, hecho que encarecerá los costos de la propiedad e impone desafíos asociados al cobro de la electricidad haciendo que se planteen cuestionamientos como: ¿se requieren medidores separados para el edificio y el estacionamiento?

¿Cómo se asignará el pago de cada vehículo dentro del estacionamiento? Entre otros. En aquellos casos donde no sea posible realizar la recarga de energía en el domicilio particular ésta deberá ser hecha en centros ya sea públicos o privados de recarga, los cuales harán las veces de estaciones de servicio de combustible.

-Relación con los centros de recarga. En este caso cabría la posibilidad de considerar que dicho servicio sea provisto por diferentes Comercializadores, los cuales abastecerían a los consumidores mediante la energía que adquieren de los Distribuidores, fomentando la competencia. En caso de que el sistema eléctrico del país no considere al comercializador, será el distribuidor quién deberá prestar el servicio. Cabe destacar que, como el sector Distribución es un monopolio natural, es necesario regular la actividad de estos centros de recarga de energía eléctrica de modo que el cobro que ejercen los distribuidores sea igual o equivalente al precio que paga un consumidor domiciliario.

-El aumento de demanda energética en el sistema de distribución aumenta la densidad del consumo. Dicha densidad de consumo es clave en el sector Distribución, al ser este una economía de ámbito. Por ende, existen desafíos ligados a la necesidad de fijar nuevos valores de precios de distribución por zonas, debido a los cambios de densidad en cada una de ellas.

-Los planes de rehabilitación de las líneas eléctricas deben considerar el incremento de consumo en zonas actualmente cubiertas por la red de distribución, pero que además deben abastecer las necesidades del transporte BEV. Por ende, deben visualizarse aquellas zonas donde podría ocurrir saturación de líneas, hecho que incrementase los costos no sólo del consumo domiciliario sino también del transporte.

-Vehículo eléctrico híbrido (HEV)

En HEV convencional no impacta al sistema eléctrico, puesto que la recarga de la batería no es hecha mediante una conexión a la red, sino en base a la energía generada con el combustible y con el frenado regenerativo. Sin embargo, la tecnología PHEV sí impacta a la red eléctrica puesto que en dicho caso efectivamente la carga de la batería proviene de la red eléctrica. Con respecto al impacto de la tecnología PHEV éste es conceptualmente equivalente al presentado para los BEV. Sin embargo, la magnitud del impacto es menor puesto que aún existe un nivel de abastecimiento energético proveniente de combustible. El PHEV es considerado un vehículo de transición entre el convencional a combustible y el netamente eléctrico, con una eventual factibilidad de devolver energía a la red a través del concepto Smart Grid.

-Vehículo eléctrico a celdas de combustibles (FCV)
Dependiendo del combustible que utiliza la celda es el impacto que se ejerce sobre la red. En el caso de las celdas que funcionan con hidrocarburos como el metanol no se ejerce impacto sobre la red eléctrica.

En el caso de las baterías de metal-aire, el vehículo no recarga su energía directamente de la red eléctrica, de forma tal que no se ejerce un impacto inmediato sobre dicha red. Sin embargo, el reciclaje de los electrodos de la batería requiere el consumo de energía eléctrica, razón por la cual sí existe un impacto desfasado, lo cual tiene la ventaja de poder recomponer los electrodos en horario fuera de punta.

Las celdas de hidrógeno ejercen un impacto sobre la red, el cual es indirecto, dependiendo del método de obtención del hidrógeno. En particular, el hidrógeno puede obtenerse mediante un proceso de electrólisis del agua, el cual es intensivo en consumo de electricidad. Si se desarrollan plantas de producción de hidrógeno éstas podrían ser abastecidas por la red eléctrica, lo cual implica inversiones en capacidad, energía y transmisión. Por otra parte, puede darse el escenario de dimensionar centrales nucleares exclusivamente para la producción de hidrógeno, de forma tal de no requerir conectarse a la red eléctrica. La planificación del abastecimiento eléctrico de la generación de hidrógeno debe definir si éste será de la red existente (implica expansión), o mediante la creación de nuevas centrales aisladas o nuevas centrales conectadas al sistema. En caso de realizarse hidrólisis directa de la red eléctrica, esta se puede programar en horario fuera de punta, al igual que otros métodos de almacenaje químico de energía.

El futuro del automóvil eléctrico

Introducción

Las reservas de petróleo son escasas, se encuentran concentradas en unos pocos países del mundo, y los efectos del cambio climático ya se están haciendo sentir. Los graves riesgos que plantea el problema del cambio climático exigen descarbonizar la economía lo más rápido posible, por lo que no puede encontrarse una respuesta al problema en soluciones no convencionales que sean altamente intensivas en energía. En los últimos años, el costo y el rendimiento de las baterías más avanzadas han mejorado espectacularmente. Los vehículos híbridos con conexión a la red (PHEVs) pueden superar las limitaciones actualmente percibidas que dificultan una mayor aceptación de los vehículos eléctricos por parte del mercado. Se trata de una tecnología que ya está demostrada y disponible comercialmente, y que no necesita mucha más infraestructura de la que ya hay. Los BEVs y PHEVs, complementados con agrocombustibles de origen sostenible, son compatibles con un futuro en el que todos los servicios energéticos procedan de fuentes sostenibles de origen renovable. Y puesto que los vehículos eléctricos son mucho más eficientes que los vehículos convencionales a la hora de transformar la energía almacenada en kilómetros, la demanda global de energía -y las emisiones de CO_2- conseguirán verse reducidos, ayudando de este modo a combatir el cambio climático.

El futuro de los vehículos eléctricos

En la medida que el progreso técnico permita mejorar los puntos débiles de la propulsión eléctrica, esta tecnología irá desplazando a la convencional. A ello contribuirá la tendencia alcista en el mediano y largo plazo de los combustibles fósiles o sus sustitutos obtenidos a partir de cultivos industriales. De esta forma, se espera que en el futuro la ecuación económica para el usuario dé, cómo resultado, la conveniencia del automóvil eléctrico. Se espera que los automóviles eléctricos en sus diversas variantes superen en el número de unidades vendidas a los convencionales en el año 2030. Las iniciativas gubernamentales en los países de mayor industrialización, y a la vez más contaminantes, facilitarán en gran medida esta transición. En efecto, Estados Unidos, Canadá, los principales países de la Unión Europea, Japón, Israel, Corea del Sur, India, China y Australia han fijado metas en esta materia. Para el logro de éstas, los gobiernos de estos países instrumentan créditos e incentivos fiscales a los usuarios para la adquisición de vehículos, a las industrias para el desarrollo y producción de vehículos, baterías y otras partes y adquieren sus propios vehículos para servicios públicos como el transporte urbano o la recolección de residuos. A su vez, planifican y promueven el desarrollo de la infraestructura necesaria. Ya existen cientos de estaciones de carga de energía eléctrica para vehículos eléctricos en las principales ciudades de estos países.

Comparación de costos para el usuario de los vehículos convencionales y los eléctricos puros en el futuro

	Automóviles con motor de combustión interna		Automóviles eléctricos puros	
	Valores	**Unidades**	**Valores**	**Unidades**
Precio inicial (sin batería para el automóvil eléctrico)	25.000	US$	23.750	US$
Costo de energía	1,50	US$/l	0,07	US$/kWh
Consumo energético	8	l nafta/100 km	160	Wh/km
Distancia recorrida anualmente	20.000	km	20.000	km
Costo anual de la energía	2.400	US$	224	US$
Costo de la batería			600	US$/kWh
Vida de la batería (en ciclos de uso)			2.500	ciclos
Límite máximo de utilización de las batería			80	% de capacidad
Alcance			120	km
Carga de batería requerida			24	kWh
Costo inicial de la batería			14.400	US$
Número de reabastecimientos anuales	53	cargas	250	cargas
Vida de las batería (de acuerdo a los ciclos de carga)			10	años
Período de tenencia por parte del usuario	8	años	8	años
Costo inicial total del vehículo	25.000	US$	38.150	US$
Costo total (capital y energía en el período de tenencia)	44.200	US$	39.942	US$

Análisis concluyente

-El vehículo eléctrico actualmente es una tecnología capaz de satisfacer las necesidades de la movilidad de gran parte de la población, y aunque s e trata de la única tecnología cero emisiones en la propulsión, convivirá varias décadas con otras tecnologías alternativas como el gas licuado de petróleo y el gas natural comprimido entre otras.

-El vehículo eléctrico ya es una realidad que crece significativamente, pero a un ritmo más lento al de las provisiones realizadas en tiempo anterior. Este crecimiento está ligado de forma general a incentivos fiscales que permiten salvar la diferencia del coste inicial equivalente al de motor de explosión. En función de estos incentivos esta tecnología del vehículo eléctrico se está desarrollando a diferentes velocidades en los diferentes países del mundo.

-La industria del vehículo eléctrico tiene el reto de adaptarse a una nueva demanda, pero el sector eléctrico juega un papel fundamental en la transformación de este nuevo modelo de movilidad, puesto que es el protagonista en el despliegue de servicios de recarga teniendo en cuenta a la vez, la integración de este modelo en los sistemas de generación transporte y distribución.

-La industria de las baterías es la clave fundamental en el avance y desarrollo de los vehículos eléctricos en el futuro. Debido a que este ha sido el mayor inconveniente en el avance de esta tecnología, actualmente existen diversas investigaciones alrededor de este tema, cuyo fin es disminuir su costo y tiempo de recarga logrando a su vez una mayor eficiencia de estas.

-La movilidad 100% eléctrica, especialmente en los entornos urbanos y periurbanos, presenta ventajas y beneficios, tanto desde el punto de vista ambiental y energético como social y económico. De este modo, la movilidad cero emisiones ya no puede calificarse como una alternativa de fututo, sino como una realidad que convive con las tecnologías tradicionales.

-La continua mejora que está experimentando la tecnología de las baterías, junto con la electrónica que las gestiona, está llevando a la presentación de vehículos eléctricos con unas prestaciones y autonomías impensables hace algunos años. Hasta el punto de que ya existen modelos disponibles capaces de dar servicio de transporte colectivo en las ciudades. La posibilidad de emplearlos en el sector público urbano se presenta como una gran oportunidad para el desarrollo de una movilidad medioambientalmente sostenible.

-La necesidad del transporte sostenible en el interior de las grandes ciudades es un hecho innegable, como también lo es el hecho de que los vehículos eléctricos son una excelente alternativa para el medio ambiente siempre y cuando la energía utilizada para su producción y mantenimiento provenga de energías limpias, puesto que visto de otro modo serían más contaminantes que los vehículos de motor de explosión.

-La integración del vehículo eléctrico en el sistema eléctrico es el medio y no el fin.

El sector eléctrico debe acompañar este desarrollo industrial sin necesidad de establecer requisitos específicos para la recarga de los vehículos que no se impongan al resto del consumo.

-La tecnología de vehículos eléctricos representa uno de los factores potenciales de transformación del sector eléctrico en las próximas décadas.

-Los sistemas de recarga para vehículos eléctricos están conectados a la red eléctrica.

El futuro será escenario de gran penetración de vehículos eléctricos, de esta manera las recargas ayudaran a optimizar el sistema de generación eléctrica o a incrementar por el contrario el pico de demanda, lo que podría implicar inversiones extra para la producción en esos periodos, su transporte y su distribución, que se verían repercutidas en los servicios al cliente.

Mantenimiento del automóvil eléctrico

Lo primero, preguntémonos: ¿Es realmente desconocido y novedoso el vehículo eléctrico? La respuesta es no. La tecnología que lo anima bajo el capó tiene más de 150 años de desarrollo en su parte electromecánica (motor, controladores eléctricos y transmisión de engranajes) y más de 25 años en la parte de acumulación energética (baterías de ion litio). Ambas se aplican a nuestro alrededor de forma intensiva desde hace muchos años.

Quizá sin ser muy conscientes siempre hemos estado usando esas tecnologías e incluso ya hemos viajado en vehículos eléctricos al hacerlo en el metro y en el tren. Podríamos enumerar cientos de aplicaciones que se aprovechan de este gran invento insustituible que es el motor eléctrico que, por cierto, no suele ser el causante de las averías de esos sistemas. Algunos ejemplos son el ascensor, el aire acondicionado, la nevera, todos los juguetes con movimiento, norias, robots, redes hidráulicas.

Y ¿Quién no conoce, usa y recarga baterías de ion litio en sus teléfonos móviles y ordenadores portátiles?

Si se está de acuerdo con los dos párrafos anteriores, puede decirse que el coche eléctrico no es una novedad ni un desconocido.

-Capós abiertos: comparando un motor de combustible vs un motor eléctrico.

Hagamos un divertido ejercicio mental para hacernos una idea de en qué consiste el mantenimiento de un vehículo eléctrico y algo sobre sus posibles sus averías:

Abramos el capó delantero de un coche térmico y saquemos sin miedo todo lo que sea de un tamaño más grande que nuestra mano, sobre todo eso tan gordo que ocupa casi todo el espacio: el motor, sí, y la caja de cambios también. Dejemos sólo la batería, el radiador y algunas cosas pequeñas de alrededor como el depósito del líquido de frenos. No nos olvidemos de quitar también el tubo de escape, que mide tres metros, y el depósito de combustible, aunque está un poco escondido. El espacio bajo el capó está ahora prácticamente vacío.

Ahora imaginemos que al coche le ponemos, en lugar de todo eso que hemos eliminado, un motor eléctrico como el de la batidora que usamos en la cocina, pero cuatro o cinco veces mayor, que montaremos sobre una pequeña caja de transmisión sin marchas y todo ello lo conectamos a las ruedas de su coche. Ahora busquemos una batería como la de un teléfono móvil, pero de unos 200 Kg de peso, con su cargador, y un sistema de gestión electrónico de alimentación del motor mandado por el acelerador y, ya está. Está claro que es mejor dejar la transformación de su coche en manos de los ingenieros, pero básicamente esos son los ingredientes de un coche eléctrico y, como se puede adivinar, el mantenimiento y las averías comparadas con las de un coche de motor térmico van a ser menores porque todo es más simple.

Así es el mantenimiento de un motor eléctrico frente a uno térmico

Cuadro mantenimiento comparativo

MANTENIMIENTO DEL VEHÍCULO	CLIO	ZOE
ACEITE MOTOR	☑	X
ACEITE CAJA DE CAMBIOS	☑	X
FILTRO DE ACEITE	☑	X
FILTRO HABITACULO	☑	☑
FILTRO DE AIRE	☑	X
FILTRO DE CARBURANTE	☑	X
LIQUIDO DE FRENOS	☑	☑
LIQUIDO DE REFRIGERACIÓN	☑	☑
CORREA DE DISTRIBUCIÓN	☑	X
CORREA DE ACCESORIOS	☑	X
COMPROBACIÓN DE CALCULADORES	X	☑
BATERÍA 12V	EN USO	EN USO
CONTROL Y NIVEL DE REFRIGERANTE	☑	CADA 6 AÑOS
CONTROL DE SISTEMA DE FRENOS	☑	☑

Vamos a comparar las acciones de mantenimiento de un coche eléctrico como Renault ZOE con las de un coche diésel equivalente. En esta tabla se pueden ver los principales puntos de mantenimiento periódico y si existen o no en cada tipo.

Como se puede ver, el usuario de un vehículo eléctrico irá olvidando de su vocabulario muchas palabras relacionadas con el mantenimiento de un motor térmico: correa de distribución, correa de accesorios, bujías, cambio de aceite, filtro de combustible, filtro de aire, filtro de aceite, Sin embargo, al echar un vistazo al manual de mantenimiento de un eléctrico poco hay nuevo que aprender.

¿Qué hay del mantenimiento de las baterías?

No hay mucho que decir porque no hay mantenimiento y, además, poco de qué preocuparse pues el régimen de alquiler bajo en el que las ofrece Renault incluye una garantía de por vida y asistencia ilimitada.

Haciendo números el coste de mantenimiento de la mecánica del modelo eléctrico sale un 42% menor. Si en un diésel el coste de mantenimiento mecánico al cabo de 2 años puede ser de unos 270€, en el ZOE viene a costar unos 155€.

Posibles averías de un motor eléctrico

Se pueden enumerar algunas averías que un motor eléctrico no va a tener nunca sencillamente porque carece de esos elementos: rotura de correa de distribución, inyectores sucios o rotos, catalizador o filtro de partículas obstruido, caudalímetro, bomba inyectora, turbo, junta de culata, puesta a punto, sincros de la caja de cambios, silentblocks, alternador, cambio de embrague, etc. Son muchas ellas debidas al desgaste de piezas móviles o de ensuciamiento, pero el coche eléctrico tiene alrededor de un 60% menos de esas piezas, y es por ello por lo que por fuerza tendrá una menor tendencia a averías mecánicas.

En cuanto a los componentes exclusivos de un vehículo eléctrico como son principalmente las baterías de tracción y los controladores electrónicos de potencia, hay que decir que son mecánicamente pasivos y que están demostrando tener una alta fiabilidad tanto fuera como dentro del ámbito de la automoción.

Hay una máxima en ingeniería: si una solución es la más sencilla, es la solución buena, y desde luego que en lo relacionado al mantenimiento y a las averías, a priori el coche eléctrico es la solución buena si su aplicación es la adecuada. Decir también que, aunque la combinación de coche, motor eléctrico y baterías de litio pueda ser algo novedoso por tener por fin ahora salida comercial, son tecnologías sobradamente probadas en diferentes ámbitos por lo que combinadas son también por fuerza una solución totalmente fiable.

Mantenimiento en general

El motor de un coche eléctrico es diferente al de gasolina o diésel. Te contamos lo que debes saber sobre coches eléctricos.

Hasta un 90% menos de componentes que un coche diésel o de gasolina. Los vehículos eléctricos se caracterizan por una arquitectura técnica más sencilla (menos piezas) que asegura costes de mantenimiento inferiores. No necesita aceite motor, lleva menos filtros y no hay que sustituir ni revisar correas o embragues. Y las pastillas de freno duran más gracias a su sistema de frenada regenerativa que carga de forma parcial la batería. El motor de un coche eléctrico no sólo tiene menor tamaño y peso, sino menos piezas y, por lo tanto, ofrece un mantenimiento más sencillo. ¿Sabías que realizar revisiones periódicas en este tipo de vehículos puede suponer un ahorro de hasta el 56%, comparado con uno tradicional? Todo lo que debes saber sobre el mantenimiento del coche eléctrico en Goodyear.

Expertos cifran entre 800 y 1.000 piezas más las que componen un motor de combustión en comparación con un motor de tracción eléctrica.

¿Qué significa esto?

Las partes mecánicas de un motor sometidas a movimiento, roces, vibraciones, cambios de temperatura o cargas mecánicas en sus elementos son más susceptibles a sufrir deterioro. Según datos del sector, el 60% de los vehículos en nuestro país tiene más de 10 años: más de 15.239.000 automóviles. Una de las consecuencias de este parque automovilístico envejecido es el mayor número de averías. Según un estudio de Autingo, siete de cada diez fallos mecánicos se producen en coches con más de 10 años. Desde Autingo, señalan que entre las averías más comunes en los coches viejos destaca el desgaste de la correa de distribución y problemas en el embrague.

Si la mayor parte de las averías están relacionadas con el desgaste de determinadas piezas, es lógico suponer que un coche eléctrico, que no dispone de correas, ni bujías, ni bielas (propias y necesarias en un motor a combustión) ni necesita una caja de cambios, ni embrague, tiene menos opciones a pequeñas y, por otro lado, frecuentes averías propias del desgaste.

Coche eléctrico

Los vehículos eléctricos, tienen, por contra, determinados componentes que no están presentes en los coches tradicionales. Pese a todo, tanto los controladores eléctricos como las baterías cuentan con una alta fiabilidad. El punto débil de los coches eléctricos es la autonomía de la batería y la necesidad de recarga.

Los principales fabricantes están inmersos ya en la batalla por la autonomía de los nuevos modelos de coches eléctricos, pero mientras eso sucede, la batería sigue siendo el punto débil de este tipo de vehículos. Considerando que más del 80% del uso diario en el ámbito urbano es inferior a los 30 km, se podría decir que un vehículo con 200 km de autonomía se debería cargar cada 6-7 días. Las baterías actuales tienen una vida útil de 3.000 ciclos de recarga.

Neumáticos, líquido de frenos y filtro del aire en coches eléctricos

Hay claves fundamentales para un correcto mantenimiento tanto en vehículos eléctricos como de motor diésel o gasolina. Se recomienda cambiar los neumáticos antes de que la banda de rodadura sea inferior a 1,6mm. Como ya hemos visto con anterioridad, la duración de los neumáticos está relacionada con diversos factores: problemas alineación, sobrecarga de peso, estilo de conducción, estado de las vías por las que se circula habitualmente. En cualquier vehículo, es necesario comprobar el estado de los neumáticos para garantizar mejor agarre y respuesta ante cualquier situación en carretera.

También en necesario sustituir el líquido de frenos cada 40.000-50.000 kilómetros recorridos. En el caso de los vehículos eléctricos, las pastillas de freno duran más gracias a su sistema de frenada regenerativa. El freno motor no existe en estos coches, aunque sí el freno regenerativo que al frenar pasa la energía cinética de los frenos a las baterías. Revisar el estado de los frenos es una tarea común en coches diésel, gasolina y eléctricos, pero como vemos pueden variar el número de kilómetros para cambiar pastillas de freno y líquido dependiendo del tipo de motor.

Se aconseja cambiar el filtro de aire a los 10.000 - 15.000 kilómetros en todo tipo de vehículos.

En el caso del motor a combustión es habitual realizar cambio de aceite y aire al mismo tiempo. En el caso de los coches eléctricos, además es necesario revisar el líquido refrigerante de las baterías a los 170.000 km la primera vez y luego cada 120.000 km.

Hay otros consejos de mantenimiento para tener especial cuidado con la carrocería o prestar atención al mantenimiento de los neumáticos que son cuestiones comunes a vehículos de motor y coches eléctricos.

¿Qué pasa con los híbridos?

Los automóviles híbridos están equipados con los componentes de un motor de combustión común y necesitan el mismo tipo de mantenimiento, además de periódicos cambios de filtros de aire y aceite. La preocupación en este tipo de vehículos, al igual que en los eléctricos, es la batería.

En los híbridos, se comportan mejor con un nivel de carga entre el 40 y el 60%.

El mantenimiento de un coche eléctrico tiene una serie de claves que debes conocer para garantizar la vida útil de tu vehículo.

Algunas de las cuestiones para tener en cuenta son específicas de este tipo de coche (recarga batería) pero otras son comunes a todos los tipos de vehículos y tiene que ver con el correcto funcionamiento de neumáticos, frenos y filtros de aire.

Funcionamiento

El coche eléctrico tiene una palanca de cambios con cuatro posiciones:

D: Marcha adelante

R: Marcha atrás

N: Neutro o punto muerto

P: Parquin o parada.

Para arrancar un coche eléctrico la palanca debe estar situada previamente en la posición P. Generalmente, en las nuevas versiones ya no es necesario introducir la llave en el contacto. Tan sólo hay que pulsar el botón de encendido/apagado mientras se pisa el pedal del freno. Como el motor no tiene sonido, los fabricantes suelen incluir un efecto electrónico sonoro para avisarnos de que el coche está en marcha, a la vez que veremos encenderse el cuadro de información del salpicadero.

Una vez encendido, tan sólo tendremos que quitar el freno de mano, poner la palanca en la posición D, soltar el pedal del freno y acelerar.

Hay que tener cuidado la primera vez que se utiliza un coche automático porque una vez que la palanca está en la posición D, el coche puede avanzar lentamente sin necesidad de acelerar.

En la posición N, el coche eléctrico no se moverá hacia delante ni hacia atrás si estamos en llano. Es como el punto muerto de un coche manual.

Finalmente, para apagar el motor eléctrico del coche, deberemos colocar de nuevo la palanca en la posición P y pulsar de nuevo el botón de encendido/apagado.

Mantenimiento

Los coches eléctricos tienen menos mantenimiento que los coches de combustión y además éste es más barato. Esto es debido a que el motor de un coche eléctrico es mucho más simple que el de uno de combustión. Tiene menos piezas y estas sufren menor desgaste porque no tienen que elevarse a altas temperaturas. Además, los coches eléctricos no tienen depósito de aceite, filtros, carburador, bujías, o correa de distribución.

El mantenimiento de un coche eléctrico se limita al control de la presión de los neumáticos, y rellenar de vez en cuando el líquido limpiaparabrisas. Es aconsejable llevar el coche a la revisión establecida por el fabricante para que vigilen algunos puntos básicos como el sistema de frenado.

En cuanto a la batería, no es necesario cambiarla a lo largo de la vida de un coche eléctrico normal, con lo que no supone ningún gasto adicional. Según la experiencia de un taxista con coche eléctrico, la batería tan sólo ha perdido un 15% de su rendimiento tras más de 300.000km recorridos.

Según un informe de la compañía Audatex, los gastos medios de mantenimiento de un coche de combustión, sin contar el coste del seguro ni del combustible, son de 600€/año, mientras que los gastos de mantenimiento de un vehículo eléctrico no alcanzan los 200€/año.

Diferencias con un coche de gasolina

En los últimos años el coche eléctrico ha ido avanzando sin prisa, pero sin pausa. En España todavía sus niveles de ventas son bastante bajos, probablemente debido a la escasa infraestructura y la falta de medios. Aun así, hay muchos usuarios que cuando van a tomar la difícil decisión de adquirir un vehículo se fijan en ellos. Aunque una variable que siempre hay que tener en cuenta antes de la compra es el mantenimiento que tendrá ese coche.

El vehículo eléctrico tiene muchas diferencias mecánicas respecto a uno de gasolina y por lo tanto su mantenimiento será completamente distinto. Su sistema es bastante más simple y esto teóricamente nos dice que su mantenimiento será menor. Este hecho conllevaría también un coste más reducido. A continuación, vamos a desglosar algunos de los aspectos más importantes del mantenimiento de un coche eléctrico frente a uno de gasolina.

Las revisiones suelen ser un quebradero de cabeza para muchos clientes tras adquirir un vehículo. Normalmente suele ser un desembolso bastante elevado debido a la necesidad de sustituir los filtros, lubricantes u otras piezas que puedan estar en mal estado. En el coche eléctrico hay muchos de estos componentes que directamente desaparecen. Aquí no encontraremos algunas piezas con una vida útil limitada como es el caso de la correa de distribución o el embrague.

En el coche eléctrico se seguirán cambiando los neumáticos del mismo modo que en el resto de los vehículos. Ese momento será cuando la banda de rodadura sea inferior a 1,6 milímetros, siendo recomendable revisar este aspecto cada mes. El líquido de frenos también será recomendable cambiarlo cada 50.000 kilómetros. Sin embargo, las pastillas y los discos sufrirán menos gracias a la inexistencia del freno motor. En su lugar está el freno regenerativo que ayuda a recargar las baterías gracias a la energía cinética.

El filtro del aire acondicionado también será necesario cambiarlo cada 12.000 kilómetros. Será el único filtro que encontremos en el coche eléctrico, ya que se prescinde de los filtros del aceite, del aire o del carburante. Por lo tanto, nos queda un elemento exclusivo de este tipo de vehículos: la batería. La encargada de almacenar la energía necesitará un mantenimiento que por suerte no será muy intensivo. El líquido refrigerante de las baterías es conveniente cambiarlo por primera vez a los 170.000 kilómetros y a partir de ahí cada 120.000 kilómetros.

Llegados a este punto podemos afirmar que el mantenimiento del coche eléctrico será considerablemente más económico que el de un vehículo de gasolina o diésel. Según algunos estudios se ha estimado que el mantenimiento del eléctrico es entre un 40 y un 55% más barato que en el resto de los vehículos. También se ha demostrado que los coches híbridos e híbridos enchufables son los que salen peor parados, teniendo un mantenimiento más complejo y caro.

La simplicidad del sistema de propulsión eléctrico no solo abaratará costes de mantenimiento, sino que también reducirá posibles averías. No tiene correa de distribución, por lo tanto, no podrá romperse. No cuenta con filtros que se puedan obstruir. Tampoco tiene un embrague que se pueda averiar por el desgaste. Estos son algunos ejemplos de las piezas de las que no tendremos que preocuparnos, simplemente porque carece de ellas.

Comparando con un coche de gasolina, un eléctrico tiene alrededor de un 60% menos de piezas. Por no tener, no tendremos ni tubo de escape, ni siquiera transmisión en la mayoría de ellos.

La simplicidad será su principal ventaja que permite colocar al vehículo eléctrico por delante del resto en cuanto a costes de mantenimiento y averías. Aunque habrá que tener en cuenta otras variables a la hora de su compra.

Normalmente el precio de los coches eléctricos estará bastante por encima del de sus homónimos de gasolina. Actualmente los usuarios que decidan comprarlo se podrán beneficiar de algunas ayudas del Estado.

También hay que tener en cuenta la escasa cantidad de puntos de carga en lugares públicos y el desembolso necesario para instalar uno en el domicilio particular.

Averías frecuentes

Los coches eléctricos son ya una realidad.

La apuesta de las grandes compañías automovilísticas por vehículos más eficientes, junto a la posible desaparición del motor diésel están propiciando la expansión de estos modelos hasta hace poco testimoniales.

El mercado crece y el interés del consumidor va al alza.

Las ventajas de los vehículos eléctricos son incontestables: bajo índice de contaminación, menor consumo y mantenimiento, impuestos reducidos, pero ¿Y las averías?

¿Son más problemáticos los coches eléctricos que los tradicionales o tal vez tienen menos averías?
En realidad, los vehículos eléctricos visitan menos el taller mecánico que los coches de combustión, y la principal razón de ello está en su motor.

El mecanismo de los coches eléctricos es más simple que los complejos motores de combustión interna.

Para empezar, no tienen correa distribución, ni embrague, ni tubo de escape.

Los componentes de los que no precisan se cuentan en miles.

Algo que nunca tendrás que hacer es cambiar la caja de cambios, porque literalmente el coche eléctrico no cuenta con una, sino que la transmisión es directa y tiene una única marcha.

En total, el número de componentes de un vehículo eléctrico es un 60% inferior al de un coche tradicional, lo cual reduce considerablemente las posibilidades de que la rotura de una pieza se traduzca en una avería.

El buen estado de la batería es primordial

El mayor desgaste en los coches eléctricos se lo lleva la batería. Esto se traduce en que la autonomía de la batería del coche eléctrico tiende a reducirse con el uso. Aunque durante los primeros años el desgaste puede ser más perceptible, la autonomía útil de las baterías de iones de litio actuales tiende a estabilizarse con el paso del tiempo. En la actualidad, algunos fabricantes llegan a garantizar un nivel óptimo de autonomía durante ocho años, lo que brinda muchísima más confianza al consumidor.

Hemos de tener en cuenta que todo el mecanismo del coche es eléctrico y depende exclusivamente de la energía que almacenan sus baterías para su correcto funcionamiento durante más tiempo y kilómetros. La vida media de una batería de iones de litio puede situarse en torno a los 10 o 15 años, pero el nivel de autonomía dependerá de las condiciones de uso, de los ciclos de carga y del sistema utilizado. Por ejemplo, si circulamos a altas velocidades de forma constante y utilizamos cargadores de alta potencia, la degradación de la batería será más rápida y, en consecuencia, podríamos necesitar sustituirla antes de lo previsto. En cambio, si respetamos los ciclos completos de la batería y solamente la cargamos cuando su nivel de carga es bajo, conseguiremos alargar considerablemente su vida útil.

Claves del mantenimiento de un coche eléctrico
Las revisiones de los vehículos de combustión suelen tener un gasto elevado por la necesidad de sustituir componentes (aceite de motor, filtro de aceite, pastillas de freno, etc.) En el caso de los coches eléctricos, el gasto en mantenimiento es un 40-50% menor debido a sus características técnicas. Sin embargo, hay elementos comunes entre los dos tipos de vehículos, como los neumáticos, el filtro de partículas del aire acondicionado y los frenos.

-Neumáticos: al igual que en los coches de combustión, los neumáticos han de cambiarse cuando la banda de rodadura sea inferior a 1,6mm.

-Filtro de partículas: debe sustituirse cada 12.000 km o anualmente.

-Frenos: el sistema de frenada regenerativa de los coches eléctricos hace que las pastillas sufran un menor desgaste en comparación a los vehículos de combustión. Evidentemente ello no nos exime de prestar atención al nivel de líquido y sustituir las pastillas cuando se desgastan, aunque esto último suceda con menor frecuencia.

-Líquido refrigerante de las baterías: este último sí que es específico para los coches eléctricos. El refrigerante debe cambiarse según las especificaciones del fabricante, que suele ser entre los 80.000 km y 120.000 km para la primera vez.

Las revisiones de estos vehículos pueden suponer un ahorro de hasta el 56%, comparado con uno tradicional.

El mantenimiento de los vehículos es uno de los aspectos fundamentales que hay que tener en cuenta para poder tener un coche en perfecto estado, ya sea un automóvil tradicional o uno eléctrico.

Los elementos mecánicos, sobre todo los sometidos a movimiento, roces, vibraciones o cambios de temperatura, se ven muy afectados y hay que revisarlos a conciencia, frente a los componentes eléctricos o electrónicos, que se mantienen en mejores condiciones, según indica Híbridos y eléctricos.

Los expertos calculan que hay entre 800 y 1.000 piezas más en un vehículo de explosión que en uno de tracción eléctrica, lo que conlleva un mayor desgaste y más trabajo de mantenimiento.

Por este motivo, aunque ambos tipos de vehículos pueden tener alguna avería, los eléctricos no tienen muchos de estos problemas por el hecho de no disponer de un buen número de elementos, especialmente del motor y de la caja de cambios: aceite; filtros, correa de distribución, junta de la culata, embrague o alternador, entre otros.

Teniendo en cuenta todos estos aspectos, el artículo señala que el mantenimiento de los coches eléctricos es más que viable, comparado con un vehículo tradicional, ya que el ahorro económico puede ser de hasta el 56%.

Asimismo, el citado medio recuerda que el 60% de las averías se producen por suciedad o desgaste de determinadas piezas. Si éstas no existen, la avería no puede tener lugar.

No obstante, los vehículos eléctricos, tienen determinados componentes que no están presentes en los coches tradicionales, aunque, tanto controladores eléctricos como baterías poseen, según los expertos, una alta fiabilidad para que las averías sean mínimas.

En el mantenimiento preventivo y en la reparación relacionados con el desgaste propio de los elementos del automóvil, los coches eléctricos se sitúan claramente en ventaja a los coches convencionales. Esto se basa en que los motores eléctricos, comparados con los de gasolina, tienen una fabricación mucho más sencilla y además tienen una vida útil considerablemente mayor (sin contar la batería). La cantidad de componentes mecánicos que friccionan y varían de temperatura en el motor eléctrico es mucho más reducida, por lo que los componentes individuales están expuestos a un desgaste también menor. Por tanto, no se requiere servicios y revisiones regulares, algo que, por el uso, sí necesitan los motores convencionales. Los coches eléctricos además no precisan ni transmisión ni embrague; no necesitan un turbo, tampoco un silenciador ni un catalizador para el filtro de partículas. Mientras que los coches de gasolina deben mantener estos elementos continuamente, el conductor de un automóvil eléctrico se ahorra este tiempo y dinero en el mantenimiento.

Esto significa que la necesidad de mantenimiento y reparación se reduce enormemente en los coches eléctricos. Exceptuando, claro está, las baterías. Este es ahora mismo el componente más caro del automóvil eléctrico. Pero si uno tiene en cuenta los mínimos costes de mantenimiento y reparación y piensa igualmente en los bajos costes de la electricidad, se evidencia que los gastos de mantenimiento de un coche eléctrico son proporcionalmente mucho menores.

Aunque el principal motivo que suele impulsar a un comprador a optar por un coche eléctrico suele ser el medio ambiente, como sucede con la compra de cualquier coche, a la hora de hacer frente a los gastos del coche eléctrico hay que sopesar con cuidado cuál será su precio inicial, así como el de mantenimiento.

El coste de mantenimiento de un coche eléctrico

Uno de los principales problemas de los vehículos eléctricos es que su tecnología aún dista mucho de alcanzar las capacidades de un vehículo diésel o de gasolina, ya que la escasez de puntos de recarga y la baja autonomía de las baterías suele limitar a casi todos los modelos del mercado al compararlos directamente con un motor de combustión.

Además, el precio de los coches eléctricos suele ser más elevado que los diésel o gasolina, precisamente por tratarse todavía de un nicho de mercado reducido. La baja demanda tiene un impacto importante en el precio de manufactura de los coches, y de ahí que estén en desventaja en el precio de salida frente a otros modelos.

Si estás planteándome la compra de un coche eléctrico en un futuro cercano, estos son algunos de los costes añadidos de la compra y mantenimiento de un coche eléctrico.

1. El pago de impuestos.

En España hay que abonar diferentes impuestos al adquirir un coche nuevo, con primera matriculación:

-Impuesto del valor añadido: Un coche nuevo de concesionario en España debe abonar un 21% de IVA independientemente si se trata de uno con motor de combustión, eléctrico o movido con energías alternativas.

-Impuesto de matriculación: el valor del impuesto de matriculación depende de la relación el consumo del coche eléctrico y las emisiones.

Los coches eléctricos como todos aquellos con emisiones por debajo de los 120 g/km, están exentos del impuesto de matriculación.

-Impuesto de circulación: a diferencia del IVA y del impuesto de matriculación, se abona cada año al Ayuntamiento en que esté empadronado el titular del vehículo. Al ser un impuesto municipal, la cuantía depende de la legislación local.

Muchos ayuntamientos incentivan el uso de estos vehículos ofreciendo descuentos en la cuota anual a los coches eléctricos.

2. Las baterías del coche.

Las baterías de un coche eléctrico pueden comprarse juntamente con el coche, pagando el precio correspondiente, o alquilarse y abonar una cuota mes a mes a lo largo de toda la vida del coche. Aunque a la larga el precio de la batería alquilada probablemente salga más cara, es importante tener en cuenta que una batería alquilada es propiedad de la marca del coche, por lo que responderán por ella incluso después de que caduque la garantía, y la reemplazarán cuando deje de cargar por debajo del límite o se estropee.

3. La instalación del punto de recarga.

Una de las principales desventajas a la hora de comprar un coche eléctrico es que este requiere de un punto de recarga en casa, que complemente a los que se encuentran en el entorno urbano y que todavía escasean por las calles y carreteras españolas.

Dependiendo de dónde vivas, si se trata de una comunidad de vecinos, si alquilas una plaza de garaje, o si dispones de un garaje privado en un chalé o un adosado, el punto de carga homologado tendrá unas características y precio diferentes. No es lo mismo instalarlo en un garaje con acceso privado, donde el dueño del coche es quién tiene domiciliada la factura de la electricidad y además puede cargar el coche por la noche sin necesidad de incrementar el suministro eléctrico, que, en el aparcamiento de una comunidad de vecinos, donde quizás tengas que pagar más por el cableado, o hablar con un técnico sobre la posibilidad de aprovechar la estructura del edificio para ahorrar en la instalación.

Si te estás planteando adquirir un coche eléctrico, pero te preocupa el valor del punto de recarga, no está de más consultar directamente con el concesionario por si tuvieran una oferta disponible que cubra el precio del punto de recarga total o parcialmente, o solicitar una de las ayudas del estado a la compra de coches eléctricos, como los planes Movea o Movalt, que incluyen este gasto, o bonificación equivalente.

4. El coste de la electricidad.

Un motor de combustión no dispone de un diseño tan refinado: el consumo de un coche eléctrico y su mecánica son muchísimo más eficientes, con un margen de más de un 60% entre un tipo de motor y otro.

Precisamente por ser poco eficiente en su mecánica, el motor de combustión suele gastar bastante más de lo necesario en combustible, algo que no hace más que sumar cuando se tiene en cuenta el elevado precio de la gasolina o el gasóleo, a lo largo de un arco de 365 días.

¿Cuánto cuesta cargar un coche eléctrico?
Con un coche de gasolina el valor de 100 Km es en torno a los 6 euros en combustible. La misma distancia con un coche eléctrico suele cubrirse con un gasto de entre 1 y 2 euros en electricidad si se recarga en casa.

5. El coste de mantenimiento de un coche eléctrico.
Todos los vehículos tienen un coste añadido a su precio inicial que viene con el desgaste del coche, el mantenimiento y el eventual reemplazo de los componentes. Un coche eléctrico no es diferente, aunque en su caso, al no poseer un motor mecánico, sus piezas están sometidas a menos movimientos, cambios de temperatura y roces, y por tanto es menos susceptible de tener que pasar por el taller que un coche de combustión interna.

¿Qué mantenimiento tiene un coche eléctrico?
Entre los componentes y revisiones que te ahorras con un coche eléctrico estarían por ejemplo el embrague, las bujías o la correa de distribución, aunque aún deberás

seguir prestando atención a los neumáticos o los frenos entre otros componentes comunes.

Los componentes específicos de los coches eléctricos pueden resultar más costosos, y el hecho de que su producción reducida no ayuda. Por ejemplo, el reemplazo de las baterías del coche puede acabar pasándote factura, especialmente si las adquieres en propiedad en vez de alquilarlas, y superas la vigencia de la garantía.

Las ventajas del vehículo eléctrico son numerosas, entre ellas podemos encontrar que no producen partículas contaminantes directas, son silenciosos, suaves y fáciles de conducir. Pero mucha gente le surgen dudas en cuanto al mantenimiento.

¿Qué hay que cambiar en un Coche Eléctrico?

Para empezar, el vehículo eléctrico carece de piezas móviles en el vano del motor, no hay correas, ni bujías, ni bielas traqueteando dentro de un bloque metálico produciendo explosiones. Además, tampoco necesita una caja de cambios, ni embrague.

Entonces ¿Qué nos queda? Pues bien, bajo el capó de un coche eléctrico poco podrás intuir si no te estudias bien el coche, sólo verás a simple vista muchos cables de color naranja butano –400v (no recomendable manipularlos)– y los típicos tapones para rellenar el Lavaparabrisas, líquido de frenos y radiador.

Para mostrar el coste real durante 3 años de un coche eléctrico, he optado por escanear las revisiones pasadas en la casa oficial por nuestro Renault ZOE.

Primera Revisión

La primera revisión fue pasada justo al año de vida del coche, esta revisión es sobre todo visual, para comprobar que todo está en su sitio y marcha bien.

Cómo podéis ver, se pasó a los 14.729km y el precio fue de 46,73€ con sólo 3,83€ por piezas, que sólo rellenaron el líquido lava parabrisas. El resto mano de obra.

Segunda Revisión

Año y pocos días después, el ZOE vuelve a pasar la revisión obligatoria de los 30.000km con 31.870km. Esta revisión ya es algo más completa, lleva además de un estado básico del vehículo y sus piezas. El reemplazo del filtro del habitáculo o del Aire acondicionado, el cual si empezaba a oler mal. Un truco para evitar que las partículas produzcan malos olores, me recomendaron desde el taller, apagar el Aire acondicionado un poco antes de llegar a casa.

El precio de la segunda revisión de este coche eléctrico (Renault ZOE) ha sido de 75.50€.

Tercera Revisión

Con 51.753 kilómetros a las espadas del ZOE, esta es la tercera revisión del coche, cómo me comentaron un año atrás, empecé a practicar el apagado del aire acondicionado un poco antes de llegar a casa y se nota la diferencia.

El precio de la tercera revisión ha sido de 79,09€ con el reemplazo nuevamente del filtro del habitáculo y líquido lava parabrisas.

El total del gasto en mantenimiento del Renault ZOE durante estos 3 años ha sido de tan sólo 201,32€ un precio inferior por revisiones en cualquier casa oficial en un vehículo de combustión.

Tener en cuenta

Ante todo, hay que tener en cuenta que, para efectuar una intervención en un vehículo que utiliza tensiones que pueden ir desde los 120 V a los 750 V, es imprescindible tener un buen conocimiento del esquema del vehículo, así como estar concienciado de los riesgos que puede provocar el contacto directo con los componentes funcionando a tales tensiones.

Por ello, las marcas fabricantes de vehículos eléctricos se están preocupando de proporcionar la formación requerida a sus redes de talleres y profesionales independientes para poder manipular estos coches con éxito y sin peligro para los trabajadores.

La normativa vigente al respecto refleja la habilitación necesaria para los profesionales para que puedan ejecutar las tareas definidas con total seguridad. La intervención en vehículos eléctricos está jerarquizada en términos de competencia según la distancia que separa al trabajador de la zona de riesgo.

Esta clasificación se efectúa según tres criterios:

1. Las operaciones que se efectúan fuera de tensión y alejadas de todo componente eléctrico. Es el caso de las operaciones clásicas de mantenimiento (frenos, vaciado de filtros, etc.).

2. Las operaciones que se efectúan cerca de componentes bajo tensión. En este caso, el operador debe proteger la zona bajo tensión o poner fuera de tensión el vehículo. Esta operación, denominada "puesta en consigna",

consiste en desconectar las baterías del resto de la instalación. Es el caso de intervenciones grandes de mecánica y de carrocería.

3. Las operaciones que se efectúan sobre el circuito eléctrico, no necesariamente bajo tensión. Se exige el máximo nivel de habilitación y requiere de una formación específica del operador.

Protecciones y medidas de seguridad personal

El trabajo en un entorno eléctrico exige el respeto de medidas de seguridad.

Pero los talleres no solo demandan formación e información específica, sino que también necesitan herramientas apropiadas.

La gama de utillaje para vehículos eléctricos debe proteger al usuario. Comprende varios tipos de material:

-Protecciones individuales: guantes aislantes de látex y sobreguantes de protección.

-Señalización de seguridad: delimitación y señalización de un perímetro de protección alrededor de un vehículo híbrido o eléctrico antes de una intervención.

-Maletas o cajas de útiles específicos.

Requisitos para recibir la acreditación necesaria para intervenir en vehículos híbridos y eléctricos es necesario reunir tres condiciones:

1. Disponer de útiles de 1000 V para las securizaciones.
2. Estar provisto de equipamientos de protección.
3. Haber seguido una formación específica en un centro de formación profesional.

Si tienes un taller, ya cuentas con unas nociones sobre cómo proceder en caso de estar interesado en la reparación y mantenimiento de vehículos híbridos y eléctricos.

Mantenimiento preventivo

Los coches eléctricos no incorporan transmisión, embrague, silenciador o tubo de escape, pero no quiere decir que no tengas que prestar la debida atención a tu coche si te decides por comprar tu primer coche eléctrico. He aquí algunos de los puntos básicos de mantenimiento que debes tener en cuenta.

Poco a poco, y aunque su presencia no es comparable a la de los vehículos propulsados por motores tradicionales de combustión, los automóviles eléctricos se van haciendo un hueco en nuestras calles. Sobre todo, a medida que las restricciones relacionadas con su autonomía disminuyen y mientras las medidas anticontaminación ponen cada vez más contra las cuerdas a los coches medioambientalmente menos eficientes.

En cualquier caso, al igual que ocurre con los vehículos tradicionales, los coches eléctricos precisan su correspondiente mantenimiento en el taller. Sus principales necesidades, como puedes imaginar, pasan por lo relacionado con la batería y su mantenimiento, pero no son las únicas. He aquí unos breves apuntes sobre las rutinas básicas de mantenimiento de los vehículos eléctricos.

Mantenimiento básico de un automóvil eléctrico

El principal foco de atención, como ya hemos comentado, estará en la batería, su punto crítico, aunque a medida que ha pasado el tiempo los fabricantes han ido incorporando a sus nuevos modelos unidades con más autonomía y un menor coste.

Hablando de la batería de los eléctricos, un punto rutinario en su mantenimiento pasa por prestar atención al líquido refrigerante de la misma. Dependiendo del modelo tendrás que sustituirlo al alcanzar un kilometraje u otro. Una cifra de referencia aproximada, los 170.000 km. A partir de ese momento los intervalos de cambio se reducirán en alrededor de 50.000 kilómetros.

Otro de los líquidos, el de frenos, también tendrá que recibir tu atención si conduces un eléctrico.

El cambio deberá hacerse cada 50.000 kilómetros aproximadamente.

Algo que no cambia: el cambio del filtro de habitáculo. Deberás sustituirlo, dependiendo de las recomendaciones del fabricante, cada 12.000 o 15.000 kilómetros aproximadamente.

La zona por la que conduzcas habitualmente influirá en su vida útil.

Del mismo modo, los neumáticos deberás de sustituirlos, y mantenerlos como si de un automóvil tradicional se tratase. Adecúa la presión según las recomendaciones del fabricante, comprueba su estado mensualmente y cambia los neumáticos si el dibujo de la banda de rodadura es inferior a 1,6 mm.

Aunque en principio el desgaste de otros componentes como las pastillas de freno será mucho menor -en buena parte debido a que el frenado suele hacerse invirtiendo el alternador para recargar las baterías internas del coche- será igualmente recomendable revisar periódicamente el coche para tener la certeza de que todos sus sistemas funcionan a la perfección.

Las baterías, el corazón de un coche eléctrico
Recomendaciones

a responsable de que todo funcione y puedas recorrer kilómetros y kilómetros sin contaminar ni gastar combustible. Pero ¿Realmente conoces tu batería a fondo? Te damos 8 claves para que no te quede ninguna duda.

Los coches eléctricos van a la cabeza en la transición a una movilidad que prescinda de los combustibles fósiles. No solo lo demuestra el crecimiento de las cifras de ventas de este tipo de vehículos año tras año, sino que varios estudios confirman que es la solución más idónea para conseguir que nuestras ciudades y carreteras sean menos contaminantes:

El motivo principal es el avance tecnológico que están viviendo las baterías: aumentan su capacidad, al tiempo que reducen su tamaño y son más ligeras. Y desde el punto de vista económico y de costes, un reciente estudio de la consultora Pricewaterhouse Coopers deja patente que tanto la inversión como el gasto de energía que conlleva la fabricación de una batería es mucho menor que otras opciones de movilidad sostenible, como la pila de combustible de los coches movidos por hidrógeno, o la producción de combustibles sintéticos.

La batería es la clave del coche eléctrico

Si ya tienes un coche eléctrico, enhorabuena: has elegido la mejor opción para moverte sin emitir gases nocivos a la atmósfera. Ahora te vamos a dar cinco claves para que conozcas a fondo el corazón que hace que todo funcione.

1- ¿Qué es la batería y para qué sirve?

Parece una pregunta obvia, pero conviene tener los conceptos claros. Una de las ventajas de un motor eléctrico es que su sistema es mucho más sencillo que el de uno térmico, y por tanto el mantenimiento es menor y con muchos menos costes. Podemos decir que la batería es el componente más complejo de todo el lote. Las más extendidas son las de ion-litio, que producen y almacenan energía aprovechable por medio de la combinación de los iones contenidos en sus celdas electroquímicas. La batería alimenta al motor eléctrico, y depende por ello la movilidad de tu vehículo, y el número de kilómetros que puede recorrer.

2- ¿Cómo se carga?

La batería de un coche eléctrico, al igual que la de un móvil o una Tablet, se carga por medio de un enchufe doméstico (lenta/convencional) o un punto de recarga instalado, por ejemplo, en tu garaje, como los Puntos de Recarga Endesa. La duración para una carga completa varía entre seis y ocho horas. Existen estaciones de carga rápida que proporcionan más potencia y pueden alcanzar un 80% de carga en poco más de media hora. Por otro lado, muchos coches eléctricos equipan sistemas aprovechan la energía producida en las frenadas y desaceleraciones, lo que aumenta la autonomía de la batería.

Formas de carga de un coche eléctrico
3- ¿Cuál es su vida útil?
De media, los fabricantes estiman que sus baterías admiten hasta 3.000 ciclos de carga completos.
Para que te hagas una idea: si la vaciaras y rellenaras una vez al día, te duraría más de ocho años.
Pero tienes que tener en cuenta que no es lo habitual: para garantizar su fiabilidad, los fabricantes recomiendan que la batería nunca llegue a descargarse del todo.
De modo que los ciclos de carga aumentan.
Por otro lado, muchos coches eléctricos son capaces de recorrer hoy sin problemas más de 200 kilómetros con una sola carga: es mucho más de lo que supone un uso diario normal.

4- ¿Mantiene siempre la misma capacidad?

Las baterías, como cualquier otro componente de un coche, sufren desgaste. Pero los estudios realizados hasta el momento sobre la experiencia de diferentes marcas demuestran que mantienen su rendimiento de forma muy estable. Muchos coinciden en que, tras 150.000 kilómetros recorridos (más de la mitad de la vida útil de un coche), pierde en torno a un 8% de su capacidad. Según Tesla, el mayor desgaste se sufre en los primeros 50.000 kilómetros, en los que reduce su capacidad en un 5%.

5- ¿Cómo debo interpretar el dato de la autonomía del fabricante?

Las marcas dan cifras de autonomía en condiciones idóneas de conducción, por lo general relajada y manteniendo siempre las velocidades legales. Pero quien conduce habitualmente por carretera a ritmos elevados, verá su autonomía media reducida frente al dato oficial. Por otro lado, el clima es un factor que influye en el rendimiento de una batería: el funcionamiento óptimo de los acumuladores de energía se da entre los 20 y 40 grados centígrados, por eso en países con climas especialmente fríos e inviernos más largos, los intervalos entre carga y carga son menores. También hay que tener en cuenta que, a temperaturas bajas, se ponen en funcionamiento más elementos del coche que consumen electricidad, como la calefacción, los limpiaparabrisas, la luneta térmica, etcétera. En cualquier caso, alcanzar la autonomía dada por el fabricante siempre es posible. Y motiva un estilo de conducción más seguro y sostenible.

Las bajas temperaturas influyen en la eficiencia de las baterías

6- ¿Cómo puedo mantenerla siempre a punto?

Como principio general, una batería no requiere mantenimiento, pero sí puedes llevar a cabo sencillas acciones para garantizar que siempre está en perfectas condiciones. Ten en cuenta que un fallo en la batería puede conllevar averías en otros componentes del coche que se nutren de ella. Es importante ser riguroso con el cambio del líquido refrigerante de la batería. Con suerte, solo tendrás que hacerlo, como mucho, un par de veces. La primera, aunque depende del fabricante, suele ser a los 170.000 kilómetros aproximadamente. A partir de ahí, cada 120.000. Por supuesto, estos datos los debes confirmar siempre con tu marca. Por otro lado, debes estar siempre pendiente de que la autonomía de tu batería no decaiga de forma notable, ya que eso indicaría un mal funcionamiento y una posible avería. Casi todos los coches eléctricos muestran, a través del ordenador de a bordo, los kilómetros que restan en tiempo real.

7- ¿Qué hago si se estropea?

La batería es un componente muy caro que, según el fabricante, puede superar los 5.000 euros. Por tanto, hacerse cargo de una sustitución nunca es deseable ya que contraviene uno de los argumentos a favor de un coche eléctrico: sus bajos costes de mantenimiento. Por suerte, muchos fabricantes ofrecen garantías separadas para las baterías, en algunos casos, de mayor duración que el propio vehículo. Otros dan la opción de tener la batería en régimen de alquiler, pagando una cuota mensual. De una forma parecida a como funciona un renting, durante este periodo queda cubierto cualquier problema que pueda dar la batería, en algunos casos, incluso con asistencia en carretera.

8- ¿Cuál es el futuro de las baterías?

Como ya hemos dicho, es un sector que avanza a velocidad de crucero. Las baterías no solo evolucionan cada vez más en capacidad y reducción de peso, sino también en formas de alimentación, como: no necesita cables, y se carga mientras se circula. Es un sistema que aún está en fase de desarrollo, pero ya se han hecho varias pruebas piloto exitosas, como el carril bus con carga inductiva desarrollado por Endesa en Málaga. Además, se están ensayando nuevos materiales, entre ellos el grafeno: según los ensayos realizados, podría reducir en peso de una batería en hasta un 75% y su tamaño en un 30%, aumentar cinco veces su autonomía y cargarse en menos de 10 minutos.

Epílogo

Mientras el mercado de los coches tradicionales y los modelos híbridos ha caído en picada, las ventas de los coches eléctricos continúan aumentando, si bien de manera tímida. De hecho, muchos afirman que este será uno de los medios de transporte que más se utilizarán en el futuro, pero mientras esperamos que llegue ese día, existen algunos detalles que debes tener en cuenta para que después no te arrepientas de tu decisión.

Más allá del cuidado del medio ambiente, uno de los principales motivos para adquirir un coche eléctrico es el ahorro. Sin embargo, si en realidad pretendes ahorrar a largo plazo, es necesario que veas más allá de la simplista comparación entre el precio del combustible y la recarga.

Desventajas
–Precio de salida elevado. El mercado de los coches eléctricos aún es incipiente por lo que el precio de estos vehículos suele superar con creces los modelos convencionales. De hecho, un modelo eléctrico con prestaciones similares a las de un coche tradicional puede llegar a duplicar su valor. Por tanto, la primera pregunta

que deberás plantearte es si realmente lograrás amortizar con el paso de los años este desembolso inicial.

–Escasa autonomía. Un vehículo eléctrico promedio recorre entre 150 y 200 kilómetros con una recarga completa. Es cierto que ya existen modelos que tienen una autonomía mayor pero aún sigue siendo un coche para uso dentro de los límites urbanos y no para emprender largos viajes por carretera.

–Puntos de recarga insuficientes. En la actualidad, en el territorio español los puntos de recarga aún son insuficientes, sobre todo en las ciudades más pequeñas, lo cual podría ser un problema si olvidas cargar la batería en casa o si emprendes un viaje más largo de lo habitual. Además, incluso la recarga rápida, que te ofrece entre el 50-80% de la autonomía, tarda una media de 30 minutos.

También hay ventajas

Los coches eléctricos también nos reportan algunos beneficios con los que hay que contar en el momento de sacar los cálculos.

–Ahorro por concepto de combustible. Recargar un coche eléctrico supone un costo medio de 2 euros por cada 100 kilómetros, lo cual implica un ahorro nada despreciable si se tiene en cuenta que para recorrer esa misma distancia con un coche a gasolina o diésel se debe gastar un promedio de 8,5 euros o incluso más.

–Mantenimiento sencillo y económico. Básicamente, un coche eléctrico está compuesto por la carrocería, un sencillo motor eléctrico y la batería, lo cual significa que su funcionamiento es mucho más simple y que no será necesario realizar el cambio de aceite, bujías y líquido refrigerante.

Además, sus piezas están sometidas a un desgaste menor, incluido el sistema de frenado, lo cual se traduce en un ahorro importante por concepto de mantenimiento.

–No emite CO_2 a la atmósfera. Se trata de un vehículo completamente ecológico, lo cual no solo te permitirá ser más respetuoso con el medio ambiente sino también circular en los centros urbanos donde el acceso a los vehículos de combustión está prohibido.

Además, no podemos olvidar que, al tratarse de un vehículo ecológico, existen ayudas estatales para comprarlo.

Este Manual se complementa con el volumen "Ejercicios y prácticas del Automóvil eléctrico". Compendio que se adquiere de forma separada a este libro.

Manual del
Automóvil Eléctrico
Usos, recomendaciones y mantenimiento

Ing. Miguel D'Addario

Automóvil Eléctrico *Ing. Miguel D'Addario*

Primera Edición

Derechos reservados

Comunidad Europea

2019

www.ingramcontent.com/pod-product-compliance
Lightning Source LLC
Chambersburg PA
CBHW021405210526
45463CB00001B/223